Android

系统性能优化

卡顿、稳定性与续航

中兴通讯终端事业部　著

ANDROID PERFORMANCE
OPTIMIZATION

Lag, Stability and Battery Life

机械工业出版社
CHINA MACHINE PRESS

图书在版编目（CIP）数据

Android 系统性能优化：卡顿、稳定性与续航 / 中
兴通讯终端事业部著 . —北京：机械工业出版社，
2023.3（2024.12 重印）
（中兴通讯技术丛书）
ISBN 978-7-111-72600-5

I. ① A… II. ①中… III. ①移动终端 – 应用程序 –
程序设计 – 研究 IV. ① TN929.53

中国国家版本馆 CIP 数据核字 (2023) 第 024053 号

机械工业出版社（北京市百万庄大街 22 号 邮政编码：100037）
策划编辑：杨福川 责任编辑：杨福川
责任校对：薄萌钰 张 薇 责任印制：常天培
固安县铭成印刷有限公司印刷

2024 年 12 月第 1 版第 4 次印刷
186mm×240mm · 14.5 印张 · 251 千字
标准书号：ISBN 978-7-111-72600-5
定价：99.00 元

电话服务 网络服务
客服电话：010-88361066 机 工 官 网：www.cmpbook.com
        010-88379833 机 工 官 博：weibo.com/cmp1952
        010-68326294 金 书 网：www.golden-book.com
封底无防伪标均为盗版 机工教育服务网：www.cmpedu.com

为何写作本书

市面上关于 Android 操作系统和 Android 应用开发等不同方向的书有很多，其中也有很多关于性能优化方面的著作，但大都偏理论，与实践结合得并不紧密。我们买过很多系统优化类图书，但在实际应用时，往往需要从不同的书中找不同的内容，比如从一本书中获取基础知识，然后到案例书中去找应用。如果能有一本书将二者结合起来，对新入行的读者会非常有用。

自从 2010 年开始接触 Android 开发以来，我们在每个阶段都有很多意想不到的困惑，从一开始写上层应用到现在针对全系统的性能优化，每到一个新的业务领域，都会遇到无数未知的问题，充满惶恐的同时也在不断解决问题的过程中快速成长。

在应用开发的时期，我们经常会遇到如下问题：程序异常退出；复杂的业务逻辑和性能之间总是有极大的冲突，优化时间较少；应用上线后稳定性问题突出；要适配不同的 Android 操作系统版本，适配不同的屏幕大小；要与各个手机厂家定制系统不断磨合，集成各种推送，寻找各种能让应用活下来的方法。

在定制系统框架开发的时期，这完全是一个新的领域，遇到的问题就更多，但显而易见的一点是服务意识要更强烈，向上要兼容好应用，向下要解释好驱动和内核甚至射频侧传递过来的数据，不能让框架阻塞住。这个时期面临的问题主要表现在以下几个方面：每一代 Android 系统升级都会对框架进行很多修改，如对刘海屏、多屏的支持，对性能的优化等；无数复杂的 ROM 定制开发需求都会涉及对框架的改造，一旦处理不好，就会造成严重后果，比如为了使应用更快启动，要对应用启动流程足够熟悉，再如为了做自动抢红包功能，需要对无障碍功能和底层控件、底层代码足够熟悉，因为这些是系统中使用频率极高的，一旦异常就会出现严重系统故障；最后是框架层修改、整机续航以及反应速度之间的冲突。不过随着框架开发的深入，很多问题都可以迎刃而解，更多的是寻找平衡。

在整机性能优化时期，我们需要考虑的问题就更加系统，甚至有相当一部分精力是在对硬件进行差异分析。确保硬件无故障后，还需要确保驱动兼容，并改造内核代码。不仅要实现功能，还要防御上层应用或者框架开发引入的新问题，并能精准找到问题，帮助其他层的同事找到问题根因。此时就涉及牵头一些系统方案的架构改造，比如多窗口机制的优化，多设备屏幕共享机制，以及确保游戏手机的稳定高刷帧率。做水桶旗舰机的时候，又需要充分兼顾发热和游戏帧率，还需要想办法缓解因降低成本选用低配置机带来的性能下降问题。更严重的时候会遇到整机稳定性问题，比如手机黑屏、手机反复重启或者卡死无响应等情况，这些都需要深入分析。

总结这三个阶段，解决问题时大都是问题和好奇心驱动，如这个问题的根因是什么。当然，大多数时候都是不能快速得到答案的，但看透代码以后会非常享受那一瞬间的豁然开朗。出于经验总结的考虑，我们觉得有必要写一本与快、稳、省优化案例相关的书，记录过去的同时，也为同行们快速解决问题提供一些可以借鉴的经验，让更多读者少走弯路。文中很多典型案例可能是业内资深的性能领域系统工程师们也或多或少会遇到的，希望能通过这种方式与大家交流学习。

书中内容仅代表个人观点，是个人从技术角度对过去工作中的经验教训的总结。但技术永无止境，个人水平也相对有限，文中难免有错误，还请读者包涵、赐教。

本书主要内容

本书包含卡顿优化、稳定性优化、续航优化三个部分，介绍 Android 系统性能优化相关技术原理和一些典型的优化案例。

第一部分　卡顿优化

从应用代码实现引发的卡顿和系统优化卡顿的措施两个方面进行介绍。

第 1 章介绍卡顿的定义、分类，以及应用代码中出现的耗时操作和内存使用不规范导致的卡顿案例。

第 2 章介绍系统如何管控应用的各类异常行为来避免卡顿，重点介绍应用自启动管控策略、消息推送策略、关联启动管控策略等基本概念和典型控制案例。

第二部分　稳定性优化

重点介绍整机死机和黑屏两类现象相关的基础知识与案例。

第 3 章介绍高通、MTK、展锐三大平台的死机问题分析方法，案例涉及操作系统、DDR 等软硬件结合的领域。

第 4 章介绍系统本身异常和应用异常引起的手机黑屏问题与处理方法。

第三部分　续航优化

重点介绍外设异常、应用异常引发的续航问题以及系统层为提升续航能力采取的控制措施。

第 5 章介绍整机功耗优化的基础知识和基本操作，以及核心部件的电流优化方法。

第 6 章介绍续航和续航优化的基本概念及相关技术、系统级优化方案、应用异常优化案例等。

本书特色

从技术角度来看，整机性能优化工作对研发人员的能力要求是极高的，在各个大厂负责这部分的人员通常都是资深的高级工程师，他们是这样一群人：应用开发搞不定的疑难问题，他们能搞定；框架实现不了的疑难需求，他们能搞定；整机出现的疑难杂症，他们能搞定。

本书最大的特色在于系统化地介绍了要进入这个群体应该具备哪些高阶知识和能力，会用哪些工具，按照什么思路来分析快、稳、省问题。本书由浅入深，从 Android 系统卡顿顽疾开始，深入到稳定性疑难问题，最后分析整机续航和功耗优化问题。本书并没有介绍基本应用开发知识，而是将重点放在开发人员需要多年经验才能积累出来的技术图谱上。有些环节需要大家特别清楚硬件基本原理，本书也会对关键点进行讲解。每个领域都会用我们从业过程中遇到的真实案例加以介绍，也许在阅读本书的过程中，大家会发现正在开发或者优化的手机也有相同的问题，但我更希望大家能举一反三，通过案例去学习代码。更重要的是，也许未来真正意义上的国产终端操作系统里有你我的一行代码。

本书读者对象

本书适合以下读者阅读：

❏ 有一定工作经验的 Android 应用开发者，对应用性能优化有一定的认识；
❏ 有一定工作经验的 Android 性能、功耗、续航优化方向的系统工程师；
❏ 对 Android 系统快、稳、省优化感兴趣的读者。

如何阅读本书

不同的读者可根据自身领域和水平选读不同的章节。

对于有一定应用开发经验的读者，建议重点阅读卡顿优化部分，了解人们容易忽略的一些引发卡顿的编码习惯，熟悉一些内存优化、内存问题分析的方法。阅读第 2 章可以了解系统会对三方应用采取哪些管控措施，这对分析应用自身的性能问题有较大的帮助。

对于从事稳定性、功耗、续航优化相关工作的读者，建议通读全书，了解系统优化过程中如何对应用、核心外设、Android 框架和内核等进行优化。

对于从事硬件兼容性或者 DDR 驱动相关工作的读者，建议阅读稳定性部分，了解硬件对整机功耗以及稳定性的影响。

致谢

书中很多经典案例都来自个人和团队遇到的各种问题，首先感谢团队成员们多年来的技术支撑和事业部领导的大力支持。无数个日日夜夜的摸爬滚打使得我们身上有了数不清的技术标签，一次次的紧张战斗使得我们积累了无数的经验教训，也使得本书的很多经典案例得以形成。

其次要感谢的是出版社的各位编辑，是他们的帮助和鼓励才让我们完成本书的写作，他们一丝不苟的敬业精神一直鼓励着我们，每一次审阅、每一次修改都让我们受益匪浅。

最后感谢家人一直以来的支持、包容和理解。

目 录 *Contents*

第一部分　卡顿优化

Android 系统自诞生以来就被诟病卡顿，谷歌每次发布新版本的时候都会有相当多的内容提到性能优化主题，但实际情况是功能越来越多，系统越来越复杂，对运行内存和系统存储的需求也越来越大。Android Go 系统的发布本来是想给众多低配置的机器带来希望，但苦于应用生态的缺乏，加上硬件设备本身的性能缺陷，导致体验一直都不太好。国内基于 Android 原生系统定制了很多衍生 ROM，使得手机大小厂家都在对原生系统进行"魔改"，带来丰富功能的同时也增加了无数个系统 bug。

Android 系统的卡顿问题一直都被用户诟病，没有手机厂家敢真正地承诺手机永远都不会卡顿。有手机厂家宣传它的手机使用 24 个月或者 36 个月以后系统依然流畅，这是有可能的，但仍然无法应对一些高并发的特殊场景或者恶意攻击，要想根本解决这类问题，就需要对系统进行深层次优化，检测到这类异常后提前处理掉。虽然手机厂家投入了无数的 Android 系统工程师去改善 Android 系统的卡顿现象，但还是无法从容地应对各种疑难杂症，系统优化和应用生态之间似乎形成了一种此消彼长的关系，加之应用开发者们极高的技术水平，总是让系统有应接不暇的问题。被逼无奈之下，手机厂家只能做出一个艰难的选择，既然系统是管道，那么就应该由管道来"立规矩"，所以纷纷制定了很多应用管控策略，目的是让用户有更好的用机体验。于是卡顿优化技术应运而生，它要求手机厂家既要对系统底层原理知根知底，也要对应用开发技术有深入的了解，换句话说，只有知己知彼方能破局。

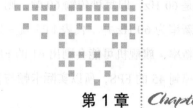

第 1 章 Chapter 1

应用优化案例

随着 Android 应用生态的不断完善，Android 应用一直在爆发式地增长，各种功能的移动化给消费者带来了极大便利，用户手机里装的应用越来越多，加上开发者能力水平各不相同，当多个应用同时在后台运行时，手机就会由于应用之间过度地抢占资源变得卡顿，出现反应速度慢甚至短暂无响应的情况。关于具体如何定义卡顿，应用有哪些可以优化的典型场景，本章会通过具体的优化案例逐一阐述。

1.1 卡顿基本概念

在学习卡顿优化案例前，我们先来看一下卡顿现象的定义与分类，应用开发者通常在哪些地方容易出问题，以及系统如何应对。

1.1.1 卡顿的定义与分类

在定义卡顿之前，先了解一下 FPS（Frame Per Second，每秒显示的帧数）指标，这个指标用于度量每秒实际动态显示的帧数，每秒显示的帧数越多，人眼能捕获到的动态细节也就越多，人们就会感受到越流畅。目前手机默认模式下的 FPS 是 60，也就是屏幕刷新率是 60 Hz。随着高刷的普及，120 Hz 的屏幕刷新率逐渐成为标配，如果设定的刷新率是 60 Hz，即每秒传输 60 帧，则 1/60 s≈16.7 ms 刷新一次屏幕。值得注意的是，屏幕刷新率为 60 Hz 并不代表 FPS 就一定是 60，FPS 通常是一个波动值。例如针对 60 Hz 的刷新率，旗舰机可能会刷出 61 的 FPS，甚至更高，而负载比较高的大型游戏场景也可能会掉到 45 的 FPS，所以实际卡顿与否，主要是看 FPS 指标。

通常情况下，手机上的画面如果在 100 ms 内没有任何变化，就能被人眼感知为明显卡顿，这 100 ms 是如何来度量的呢？例如，某手机的刷新率是 60 Hz，如果由于其他原因卡顿导致 FPS=54，即 1 s 内连续丢 6 帧，从第 5 帧到第 10 帧都丢掉，那么用户看到的图像就是第 4 帧图像到第 11 帧之间的跳变，直观感受就是卡了一下，有明显的卡顿感（6 × 16.7 ms≈100 ms），原理如图 1-1 所示。

图 1-1　连续丢帧示意图

这里其实还有一个现象，如果丢帧丢得很有规律且比较均匀，如图 1-2 所示，丢帧数不超过 6 帧，累积没有超过 100 ms，则人眼在一定程度上会认为系统是相对流畅的。但是，有些用户对流畅性比较敏感，会认为比较卡顿，因此，为了有更强的通用性，通常选择连续丢帧数来作为判断是否卡顿的标准。

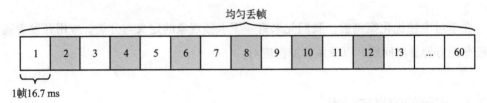

图 1-2　均匀丢帧示意图

开源社区中有不少监控 Android 系统是否卡顿的源代码，主要原理是监控手机连续绘制的两帧之间消耗的时间，如图 1-3 所示，如果 $T2$ 减去 $T1$ 的值超过一定的阈值，就认为发生了卡顿。从原理上讲这种实现方式的确是有效的，也足够严谨，但也存在一个严重问题：如果监控代码本身写得不好，那么会引起更严重的性能问题，比如一些主流短视频应用的监控线程，有时候触发代码 bug 以后会导致 CPU 负载非常高，手机快速发烫。

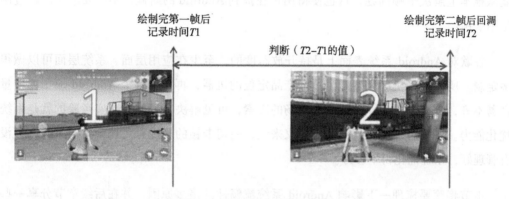

绘制完第一帧后　　　　　　　　　　　　　　　　　绘制完第二帧后回调
记录时间 $T1$　　　　　　　　　　　　　　　　　　记录时间 $T2$

判断（$T2-T1$ 的值）

图 1-3　卡顿监控阈值示意图

了解了卡顿的定义和度量指标后，我们就可以根据不同的卡顿时长对卡顿进行如下分类：

❑ 微卡顿。如果两帧之间超过 100 ms 但又低于 200 ms，则定义为人眼可感知的微卡顿。这种卡顿比较常见，消费者不太容易察觉，但体验已经不好了。典型场景包括微信朋友圈滑动、微博列表滑动等。

❑ 卡顿。如果超过 200 ms，但低于 5 s，则认为是比较严重的卡顿。比较敏感的消费者会认为手机反应速度很慢，如果是旗舰机，那将是无法接受的。

❑ ANR。全称是 Application Not Response，即应用无响应。如 ANR 为 5 s，即卡顿时间超过 5 s，则系统会弹出应用无响应的提示，表示应用已经无法与用户进行交互，这也是谷歌定义的 ANR 标准。Android 手机中有很多定制 ROM，也修改过这个指标，感兴趣的读者可以尝试写一个应用，主动让系统触发 ANR，看一下自己的手机系统设置的 ANR 是多少。

❑ 卡死。有些异常会将手机直接变"砖"，完全没反应，比较轻微的情况是可以重启恢复，严重的卡死是重启后都无法恢复。但通常来讲，对于严重的卡顿，系统会主动恢复，如果是完全卡死，就变成了卡屏甚至死机，这属于稳定性的范畴，问题也更加复杂。

1.1.2 卡顿原因汇总

一直以来大家都认为 Android 系统越用越卡，甚至有厂家提出了使用几年不卡顿的口号来对标苹果手机的流畅性等。其实卡顿的原因有很多种，并不是解决某一种原因就能从根本上解决卡顿问题，这也使得用户在提到 Android 的时候，不会要求使用超过两年不卡顿。

谷歌对 Android 系统表面上是持开放态度的，至少在应用层面、系统层面可以做很多定制，所以各手机厂家生产了不同产品定位的机器，再加上各个 Android 应用的质量良莠不齐，这些都成为导致系统不流畅的因素，可见解决卡顿问题其实考验的就是系统优化能力。不可否认的是，对手机厂家来说，一切卡顿的原因都可以归咎于系统本身没有管理好，系统优化得不够好。

本节将简要梳理一下影响 Android 系统流畅性的诸多原因，并在后续章节分享一些经典案例。我们先来看看系统的流畅性一般体现在哪些典型场景上。

Android 系统的流畅性是否足够好，通常可以从以下几个可感知的场景来判断：

❑ 第一个典型场景是界面滑动是否平滑，即手指触碰屏幕并滑动后画面移动够不够跟手。

❑ 第二个典型场景是游戏中单击释放技能时手机响应速度够不够快，比如玩《王者荣耀》团战时跳大后转身动作是否足够灵活。

❑ 第三个典型场景是常用应用的页面跳转速度够不够快，比如从微信聊天列表进入微信聊天详情，从淘宝主页跳转到商品详情等。

❑ 第四个典型场景是最常见的，即直接测试多个应用的启动速度，通过快速重复打开多个应用，并重复多轮，然后累加应用打开时间，来分析系统的流畅性。很多测评机构会采用这种方式，同时度量一下系统的保活能力，从技术层面来讲，这种方式有一定的合理性，但笔者并不推荐使用这种方式来度量系统的保活能力。

引起上述这些典型场景卡顿的原因往往会涉及系统的各个层面。为了快速找到问题所在，本节通过系统化的检查清单（Checklist），以流程化的方式排查性能问题，并随着对系统认知的加深，不断丰富其中的内容，最终将分析过程分为五个层次，包括应用层、框架层、核心服务层、内核层和芯片层，在每个层中均展示了需要采用的工具、如何分析问题以及如何发现问题等。检查清单的不断积累，实际上也是技术能力不断提升的见证。下面逐一介绍每个层次涉及的卡顿优化方向。

1. 应用层

三方应用卡顿，其实大部分情况下都是由应用本身导致的，不同的原因有不同的排查方向和排查工具，如图 1-4 所示。

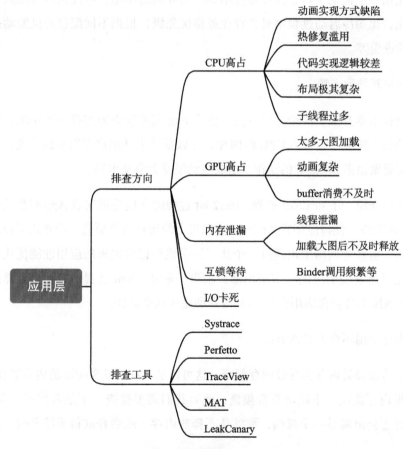

图 1-4　应用层卡顿的排查方向和排查工具

应用层卡顿的原因大致包括复杂的布局、业务逻辑复杂、热更新、内存使用不合理等。

（1）复杂的布局导致卡顿

先来看看为什么复杂的布局会导致卡顿。其实系统在计算应用布局的时候是一个递归的过程，复杂的布局意味着更长的测量（Measure）、布局（Layout）、绘制（Draw）过程，这些过程都在主线程中运行，任何环节变慢都可能会引发卡顿。

（2）业务逻辑复杂导致卡顿

以某宝主界面为例，每次冷启动的时候，如果你在进入主界面后马上滑动该界面，你会感觉在用一个低配手机，点按钮点不动，滑界面滑不动。不过该应用团队已对此做了很多优化，比如冷启动过程中对各种业务排优先级，根据不同配置的机型动态地加载相关业务的进程等。

（3）热更新导致卡顿

热更新技术本身虽然能很好地修复一些小 bug 或者动态地加载一些功能，但不能滥用，大量的热更新会占用很多 CPU 时间片，导致系统中其他进程得不到调度，或者应用本身由于需要做很多 dex2oat 的动作，造成启动慢或者滑动卡顿。

这里简单介绍一下 dex2oat 过程，dex2oat 过程的作用是把安装 App 时生成的 dex 文件编译成 oat 文件，使得应用在 Android 虚拟机上的运行效率更高，副作用是该过程会占用存储空间。前些年网络上出现过一个从三星手机里提取出来的应用性能优化工具，它的原理就是对所有安装过的三方应用都提前做一遍 dex2oat 过程，为什么说提前呢？因为 Android 系统本身会在应用安装 24 h 内自动完成这个动作。

（4）内存使用不合理导致卡顿

频繁申请和释放内存会导致内存颠簸，这可以从 Android Studio 的内存监视器看到，如短时间里内存曲线上下跳动非常频繁，此时我们需要检查一下是否代码写得有问题。另外，有时还会出现另一个极端，那就是不释放内存，或者释放得不够及时，使得内存越积越多。

2. 框架层

框架层是各个手机厂家各种"魔改"的地方，很多性能的"坑"也都是在这里被填平。框架层的"坑"可能是谷歌挖的，可能是芯片厂家挖的，更可能是手机厂家定制挖的，这一层的常见问题是某个系统函数执行时间长，应用过度绘制或者灭屏后还在绘制。框架层相关排查方向和排查工具如图 1-5 所示。

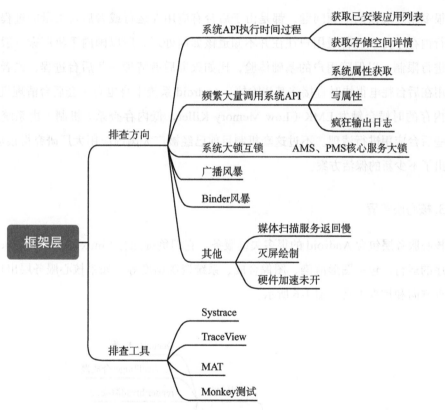

图 1-5　框架层卡顿的排查方向和排查工具

框架层通常是手机厂家管控后台应用的核心控制逻辑所在。以往手机厂家可能更倾向于在内核层直接对进程和线程进行管理，但从内核角度来看上层应用会导致应用信息判断不够准确，尤其是保活策略方面，而且将后台管控策略放在框架层可以让控制逻辑更加灵活，甚至实现在云端的随时更新。那么，如何控制后台管控策略呢？

很多 Android 应用开发者应该已经发现了一个残酷的事实，那就是想要在国内 Android 手机系统中保活越来越难了，他们甚至不得不去找一些底层 Android 系统的"漏洞"来保活。这点完全可以理解，毕竟涉及经营和收入问题。但对手机而言，保活的应用越多，系统管理的开销越大，管不好还会引发续航、发热、卡顿问题，因此国内手机厂家都对应用管控策略进行了"魔改"，除非应用是微信这样的国民级应用或者系统预装应用，否则大概率会在一定条件后被"杀掉"并且不能自启。

很多用户反馈的卡顿问题，都是由于后台有应用在运行或者后台大量的进程常驻导致运行内存不足，而普通用户往往并不知道该如何处理，所以国内手机厂家一般会在系统中进行限制，以保障用户的基础体验，比如灭屏后就清理一些后台进程，或者发现一些应用在后台耗电很快时直接将其清除掉。Android 系统本身也有一套后台清理机制，比如低内存的时候会触发 LMK（Low Memory Killer，低内存查杀）机制，由系统来决定对哪些后台应用进行清理。不过这套机制目前已经被广大国内应用大厂研究得很透彻了，衍生出了不少新的保活方案。

3. 核心服务层

核心服务层包含 Android 的很多关键服务，它们负责配合 Linux 内核支持 Android 应用程序的运行，包括图形渲染、图像合成、系统资源调度等。如果核心服务层出现卡顿，其排查方向和排查工具如图 1-6 所示。

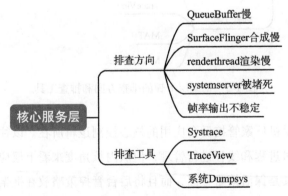

图 1-6 核心服务层卡顿的排查方向和排查工具

4. 内核层

在内核层，通常旗舰芯片平台不会有太大问题，主要还是中低配置平台存在性能问题，不过也都是一些动作不规范或者策略不合理导致的，比如，针对某个必需的 I/O 动作，手机在使用很长时间（如 6 个月）后，本来用 10 ms 可以完成，6 个月后需要用 50 ms 才可以完成，这个问题就比较严重。内核层卡顿的排查方向和排查工具如图 1-7 所示。内核层的排查还包括对进程调度策略、CPU 温控策略（包括电量状态）、磁盘碎片整理策略、网络调度策略等的排查。

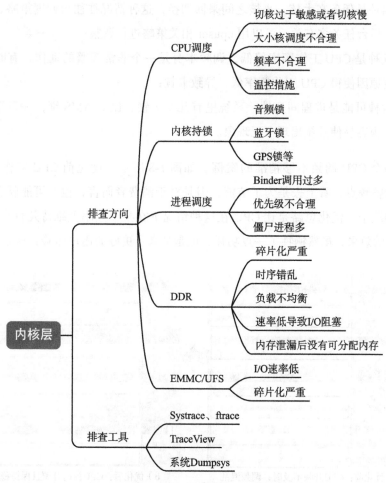

图 1-7　内核层卡顿的排查方向和排查工具

进程调度策略决定了进程能否得到 CPU 等资源调度，也会直接影响系统流畅性，但凡应用显示过程中有某个子环节的调度出现问题，大概率就会出现卡顿，此时在 Systrace 上的表现是该任务状态是 Runnable（可以运行），但是没有得到运行。该任务得不到 CPU 时间片的原因有以下几种：

- 第一种是后台进程太多调度不过来，此时要考虑为什么后台有那么多应用，一般超低配置平台容易出现这种情况；
- 第二种是进程优先级比较低，得不到调度，这种情况比较少见；
- 第三种是 CPU 调度不及时，可能是系统调度策略上有 bug；
- 第四种是任务在大核、小核之间来回切换，这种情况往往与调度策略、进程优先级、后台任务多有关，可以用 cpuset 相关策略进行调整；
- 第五种是 CPU 工作频率偏低，调频本身是一个非常频繁的动作，有时候可能是温度原因使得 CPU 工作频率低，导致卡顿；
- 第六种可能是进程间死锁，系统里有几个大锁，比如 AMS 锁，一旦形成相互等待，很容易使系统出现卡死现象。

这里举个 CPU 调频不够精准的案例。如图 1-8 所示，优化前 CPU 工作频率偏低，而且经常调整频点，看上去是为了节能，但是对于消费者而言，他们可能就会感知到应用一直在加载中。优化思路是让 CPU 在这种情况下在某个频率上维持几百毫秒的频率，以达到加速的效果，虽然牺牲了一点功耗，但是带来了更好的用户体验，这是值得的。

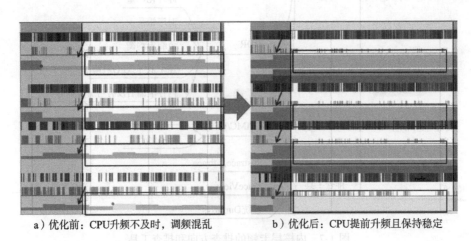

a）优化前：CPU升频不及时，调频混乱　　　　b）优化后：CPU提前升频且保持稳定

图 1-8　CPU 调频优化

针对上述问题，具体的调优方式与 SoC（System on Chip，片上系统）强相关，又涉及内核和功耗，改起来是牵一发而动全身，需要非常谨慎，这里不得不提一下 Linux 内核的版本，内核版本越高，可调的新功能也就越多。

除了调度策略本身，我们还要非常清楚什么是主线程，什么是渲染线程，对于调度系统而言，二者具有不同的优先级，在应用开发过程中我们也非常需要注意区分这两个概念，否则容易犯低级错误。做过 Android 应用开发的读者应该听说过主线程，它们在操作系统中是如何被看待的呢？下面重点介绍 Android 操作系统是如何调用它们的。

Android 应用的渲染链路上最重要的就是主线程和渲染线程，主线程是应用启动时创建的 MainThread，相应地也会创建一个渲染线程（RenderThread），硬件加速默认开启。使用 Systrace 分析卡顿的时候要先找到这两个线程，然后往下追踪。大部分应用的卡顿都发生在主线程和渲染线程上，下面举一些导致卡顿的具体例子。

1）较长时间的输入事件处理，如著名的"input dispatch timeout..."。

2）较长时间的动画事件处理，比如 ListView 的新行内容的生成。

3）复杂界面的测量、布局、绘制。

4）较大位图的频繁加载。

5）复杂渲染指令的执行。

6）核心处理流程上做频繁 I/O 操作或者数据库操作。

应用开发者在写代码的时候通常会同时出现上述几种问题，这些都可以通过 Systrace 看出来。如图 1-9 所示，在布局过程中有很多的 makeAndAddView:obtainView 动作，应用界面需要大量动态的计算来完成布局，显示的元素较多，此时可以考虑优化布局层次或者延迟加载。

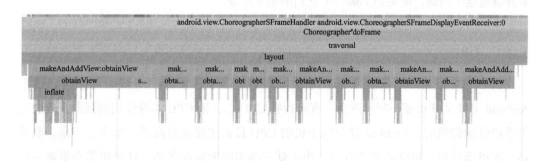

图 1-9　布局过程中的动态布局

对于系统调度而言，通常会以正在和用户交互的应用的主线程作为优先级最高的任务进行调度，但是后台进程有时候会主动通过一些其他公开方法抢占进程优先级，使得主线程得不到优先调度，进而造成卡顿。

5. 芯片层

芯片层一般很少出现问题，这里主要需要关注两个方面。一方面是 SoC 厂家有时候自己会出补丁限制芯片的某些功能，或者定期推出升级补丁，所以在打补丁的时候需要非常注意，以免波及测试和谷歌 CTS 测试结果，否则事后再查将是一个非常痛苦的过程。另一方面是硬件本身的设计，通常意义上的温控措施是软件层面的，但芯片上实际有更高优先级的温控传感器，这是最后一道防线。对于芯片级别的降频，上层各种 CPU 监控软件都是看不出来的，这加大了问题甄别的难度，不过如果到这个层面，通常问题更简单了，要么是硬件设计不合理，机器太热，要么是芯片出问题了。还有些偏硬件方面的问题，比如芯片内部供电电压要给够，八核处理器有时候看着能工作，各种 Trace 测试都正常，但实际电压不够，如芯片硬件层面往往只够打开四个小核，这种问题一般表现在可以外接电源的终端设备上，很容易被忽略。在实际环境中，需要多方测试以找出问题所在。

1.2　卡顿优化涉及的相关技术

在分析卡顿的具体案例之前，本节先介绍一些与卡顿相关的重要技术。卡顿可能是由于屏幕、CPU 等硬件故障引起的，也可能是由于系统层面的负优化造成的，还有可能是由于应用开发时使用的系统函数等不合理造成的。为什么屏幕、CPU 也会引起卡顿？要弄清楚这个问题，需要先了解一下它们的基本原理。

1.2.1　CPU

CPU（Central Processing Unit，中央处理器）是手机硬件中最核心的硬件，整个 Android 系统从开机那一刻起就会一直运行在 CPU 上，而 CPU 本身性能的强弱直接决定了手机性能的强弱。Android 阵营的手机的 CPU 目前主要来自高通、华为、三星、联发科、展讯等公司。每家公司都有高、中、低三类不同配置的产品，且每年都会更新一代性能最强的芯片平台,而一些中低性能的平台则相对更加成熟,演进会慢一个节奏。从旗舰芯片性能跑分角度来看,不同平台的差距在一点点缩小。关于这些平台的性能排行榜,读者可从手机 CPU 天梯榜上获取,当然也可以参考 Benchmark 跑分数据,或者 B 站一些测评博主的测评数据。

CPU 内部主要由控制单元(Control Unit,CU)和算术逻辑单元(Algorithm Logic Unit,ALU)构成。

现在思考两个问题:CPU 上电以后拿到的第一批数据是什么?这些数据是从哪里来的呢?

在 CPU 读数据之前,其实有一个硬件主板给 CPU 上电的过程,这里还涉及优先给哪个 CPU 核心上电的时序问题,通常来讲,先给 CPU0 上电,然后通过 CPU0 去唤醒其他核,再发出第一个取数据的指令。这个环节在芯片厂家推出新的芯片时,一般容易出问题,像高通、MTK 问题相对会少一些,这个阶段出现问题解决起来相当麻烦,往往需要与硬件相关的同事一起配合量波形或者飞线抓取现场。

CPU 正常上电以后还会和 RAM 设备同步一下信号,询问 RAM 是否已经准备好,如果准备好了,就会开始发出第一批读取数据的指令。注意,这里也是容易出问题的,如果 RAM 没有准备好,或者经过 1 s 都没有准备好,那这个机器基本就变"砖"了。CPU 与 RAM 及 ROM 的关系如图 1-10 所示。

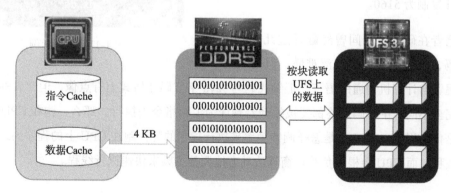

图 1-10 CPU 与 RAM 及 ROM 的关系

CPU 先把指令集加载到自己的指令 Cache(指令缓存区)中,再去取要加工的数据并加载到数据 Cache（数据缓存区）中，然后根据业务逻辑运算得到一个结果后回写到运行内存中。这个过程看似一气呵成，但每一步都可能出现问题。比如 CPU 读指令集后发现它不认识这些指令集中的几位，很可能出现了乱码。再如，数据在进入 CPU 的数据缓存区前，有一份拷贝在 RAM 中，当然它的原始拷贝在 ROM 中，这里就可能会出现两种意外，一种是数据缓存区里的数据和 RAM 里的数据不一致，另一种是 RAM 中的数据和 ROM 保留的原始数据不一致，无论哪一种异常情况出现，手机都会无法开机。在执行指令并写回结果之后，指令计数器的值会递增，反复整个过程，在下一个指令周期正常按顺序提取下一个指令。如果完成的是跳转指令，指令计数器将会修改成跳转到的指令地址，且程序继续正常执行。

关于 CPU，我们还需要适当了解什么是 CPU 指令集、什么是 CPU 上运行的线程、什么是 CPU 的主频等，下文将逐一介绍这些内容。

1. 什么是指令集

简单来说，指令集就是计算机执行运算、处理数据所需要的所有功能命令的集合，典型的指令包括移位、加法、传送字或字节、符号扩展、与或非逻辑运算等。不知道有多少读者还对汇编有印象，如图 1-11 所示，其中 MOV 的含义是将变量 si 复制为 5160。

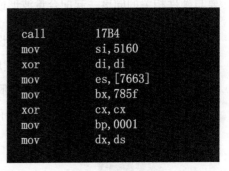

```
call     17B4
mov      si,5160
xor      di,di
mov      es,[7663]
mov      bx,785f
xor      cx,cx
mov      bp,0001
mov      dx,ds
```

图 1-11　汇编示例

笔者在研究生期间曾经翻译过几十 MB 的汇编代码，虽然汇编代码晦涩难懂，但这项工作让我掌握了与计算机沟通的语言。汇编代码与 Java 字节码在格式上有点像，但二者的运行机制完全不同，字节码最终都要被编译器翻译为汇编指令去执行。那么，跑在 CPU 上的到底是什么程序，CPU 又是怎样调整频率来执行指令的呢？跑在 CPU 上的程序的最小单位是线程，而 CPU 会根据负载均衡算法动态地调整主频来快速执行线程。

2. 什么是 CPU 上运行的线程

计算机系统上正在运行的一个程序就是一个进程，每个进程包含一个或者多个线程。

进程是对运行时程序的封装，是系统进行资源调度和分配的基本单位，得益于多核 CPU 的发展，它实现了操作系统的多任务并发。线程是进程的子任务，是 CPU 调度和分派的基本单位，用于保证程序的实时性，实现进程内部的并发。线程是操作系统可识别的最小执行和调度单位。每个线程都独自占用一个虚拟处理器，拥有独立的寄存器组、指令计数器和处理器状态。每个线程完成不同的任务，但是共享同一地址空间（也就是同样的动态内存、映射文件、目标代码等），所以所谓多任务并发本质上是通过多核机制来实现的，对于单个核来讲其实还是顺序执行的。

3. 什么是 CPU 的主频

CPU 的主频是 CPU 内部主时钟的频率，我们通常说的 GHz，实际上就是 CPU 的运行速度，即每秒运行多少次。运行速度不等同于运算速度，因为 CPU 的运算速度还需要结合缓存、指令集、位数等进行计算。不过主频是提高运算能力的重要因素之一。现在高端移动端芯片大多采用 1 个超大核 +3 个大核 +4 个小核的架构，在提升主频的同时，芯片厂家往往还会关注功耗优化了多少。当然，每个核对应不同的工作频率，每个工作频率对应不同的功耗，CPU 频率不够是比较简单的卡顿因素，通常要兼顾频率和对应的功耗，比如，大核不适合进行一些低频操作，再如要避免任务在不同核之间的频繁切换等。

1.2.2　SoC 平台

SoC 就是片（芯片）上系统的简称，比如 2022 年高通顶级芯片 8 Gen1，就是指这个 SoC 叫作 8 Gen1，它本质上是一颗集成芯片，上面除了 CPU 和 GPU 还有很多器件，比如 Modem（通信模块、通信基带）、ISP（图像处理）、DSP（数字信号处理）、Codec（编码器）等，所以准确地说，SoC 才是整个手机最重要的部分，是一切体验的基础。

在移动互联网时代，高通、海思和 MTK 就是主流的平台供应商，它们给手机厂家提供的硬件就是 SoC 套片及其 Android 适配系统。手机厂家拿到平台源码后，会在其基础上做整机的软硬件设计。从目前高通、三星、MTK 的适配系统的质量来看，高通提供的适配系统的功能是最完善的，高通在 AOSP 的基础上，加上了非常多的优化代码，并提供了完善的参数供手机厂家去配置。换句话说，高通的系统开发起来是很快的，只要跟随高通稳定版本基线升级，一般问题不会太多，加上高通本身售后服务支持以及文档库都很完善，支持速度也快，手机质量也就有了很好的保障。

另外，SoC 平台还决定了与之适配的 RAM（运行内存）和 ROM（存储内存）的性能的最低标准，比如高通 8 系列的 SoC 不能使用 DDR5 以下的 RAM，不能使用 eMMC 规格的 ROM。

SoC 中还有一个概念，叫作芯片架构，2022 年高端移动 SoC 开始采用 ARMv9 架构，性能更强，功耗更低。高通最新的骁龙 8 Gen1 八核处理器就采用了该架构，这个芯片 CPU 由 1 个 Cortex X2 超大核、3 个 Cortex A710 大核、4 个 Cortex A510 能效小核组成，X2 超大核和 A510 能效小核均基于 ARM V9 架构。注意，ARM V9 并不支持 32 位应用，这意味着如果要运行 32 位应用就只能依靠 3 个 A710 大核。使用大核来运行应用，除会带来整机功耗增加、机身温度上升等问题外，如果同时运行较多的 32 位应用，还可能会让手机出现卡顿。32 位应用有些后遗症，比如某著名短视频软件的 32 位版本在某个版本上会出现 Native 层内存泄漏的问题，不过在应用更新到 64 位以后可以缓解这个问题。

目前互联网头部应用差不多都完成了 64 位适配及开发，比如微信、淘宝等，但绝大部分 Android 应用仍基于 32 位，并未实现迁移或重新开发，这会加重骁龙 8 Gen1 的运行负担。等到 32 位应用实现了向 64 位转变，骁龙 8 Gen1 X2 超大核、A710 大核、A510 能效小核全部能正常调度，整机功耗及卡顿等情况会发生根本性变化。这就是 2022 年第一个发布高通 8 Gen1 芯片的手机厂家，一开始被消费者吐槽卡顿的根本原因，因为业内第一个 ARM V9 架构芯片首发，很多应用都没有反应过来。

其实这两年业界确实在加速推广 64 位应用，苹果要求开发者必须适配 64 位平台，如果不适配将下架其应用。iOS 是闭环系统，苹果对系统平台上的应用生态具有极强的约束能力。而 Android 是开源系统，开源在使 Android 成为全球用户数量最多、规模最庞大的移动操作系统的同时也极大降低了谷歌、手机厂家对应用开发者的约束能力，国外还好，用户普遍从 Google Play（官方应用商店）下载应用，而中国市场很特殊，应用下载渠道众多，也就没有什么约束力。再来看看 2022 年联发科发布的一款高性能 SoC——天玑 9000，这个芯片也采用 "1+3+4" 的 CPU 架构，包括 1 个超大核 Cortex X2（主频为 3.05 GHz）、3 个大核 Cortex A710（主频为 2.85 GHz）、4 个能效小核 Cortex A510，支持 LPDDR5X 内存，速率可达 7500 Mb/s。下面通过表格来更直观地对比联发科天玑 9000 与高通骁龙 8 Gen1 的参数，如表 1-1 所示。

表 1-1　联发科天玑 9000 与高通骁龙 8 Gen1 参数对比

SoC	联发科天玑 9000		高通骁龙 8 Gen1	
工艺制程	台积电 4 纳米		三星 4 纳米 + 台积电 4 纳米混合	
CPU 参数	1 × Cortex X2	3.05 GHz	1 × Cortex X2	3.00 GHz
	3 × Cortex A710	2.85 GHz	3 × Cortex A710	2.50 GHz
	4 × Cortex A510	1.80 GHz	4 × Cortex A510	1.80 GHz
缓存	L3 8MB+SLC 6 MB		L3 6MB+SLC 4 MB	
内存	LPDDR5X × 7500 Mb/s		LPDDR5 × 6400 Mb/s	
	UFS 3.1		UFS 3.1	
GPU	ARM Mali-G710 MC10		Adreno 730	
显示能力	2K 144 Hz		2K 144 Hz	
	1080P 180 Hz		4K 60 Hz	

注：UFS（Universal Flash Storage），即通用闪存存储。

从表 1-1 可以清晰地看出二者的区别，但最终还是要看装成整机以后的效果。在功耗控制方面，采用台积电 4 nm 工艺的联发科天玑 9000 要略好于三星 4 nm 工艺的高通骁龙 8 Gen1，如图 1-12 所示。

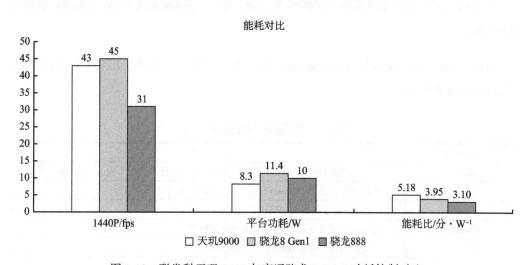

图 1-12　联发科天玑 9000 与高通骁龙 8 Gen1 功耗控制对比

1.2.3　CGroup

CGroup 是 Control Group 的缩写，它是 Linux 内核提供的一种可以限制、记录、隔离进程组（process group）所使用的物理资源（如 CPU、内存、I/O 等）的机制。CGroup 是将任意进程进行分组化管理的 Linux 内核功能。它本身是提供将进程进行分组化管理的功能和接口的基础结构，I/O 或内存的分配控制等具体的资源管理功能是通过 CGroup 来实现的。具体的资源管理功能称为 CGroup 子系统或控制器。CGroup 子系统有控制内存的 Memory 控制器、控制进程调度的 CPU 控制器等。运行中的内核可以使用的 CGroup 子系统由 /proc/cgroups 来确认，CGroup 子系统示例如图 1-13 所示。

```
cat cgroups
#subsys_name        hierarchy        num_cgroups        enabled
cpuset      3           8               1
cpu         2           2               1
cpuacct     1           228             1
blkio       4           5               1
freezer     0           1               1
```

图 1-13　CGroup 子系统示例

如图 1-13 所示，主要参数分析如下。subsys_name 为目前支持的子系统名称。hierarchy 为树形结构，它的值表示该系统支持的子节点数。num_cgroups 是分组数。enabled 表示当前是否使能。

kernel/msm-4.14/include/linux/cgroup_subsys.h 中有所有子系统，几个常见的 CGroup 子系统如表 1-2 所示。

表 1-2　常见的 CGroup 子系统

子系统名	功　　能
cpuset	如果是多核 CPU，这个子系统就会为 CGroup 任务分配单独的 CPU 和内存
cpu	使用调度程序为 CGroup 任务提供 CPU 的访问
cpuacct	产生 CGroup 任务的 CPU 资源报告
schedtune	控制进程调度器选择 CPU 或者 boost 触发
blkio	设置限制每个块设备的输入 / 输出控制
freezer	暂停或恢复 CGroup 任务

从图 1-13 中可以看出，CGroup 还包括 cpuset、blkio、freezer 等，后续章节将重点介绍这三个子系统，它们对于优化系统性能都是非常有帮助的。其中 freezer 已经成为目前华为、小米、中兴等手机厂家管控应用的重要手段，谷歌在 Android S 也已经开始跟

进，不过还不够深入，效果还不够理想。

CGroup 机制涉及任务（task）、控制组（control group）、层级（hierarchy）、子系统（subsystem）四个基本概念。

1）任务：在 CGroup 中，任务就是系统的一个进程。

2）控制组：控制组就是一组按照某种标准划分的进程。CGroup 中的资源控制都是以控制组为单位实现的。一个进程可以加入某个组，也可以从一个控制组迁移到另一个控制组。一个控制组的进程可以使用 CGroup 以控制组为单位分配的资源，同时受到 CGroup 以控制组为单位设定的限制。

3）层级：控制族群可以组织成树的形式，即一棵控制族群树。控制组树上的子节点控制族群是父节点控制组的孩子，继承父控制族群的特定的属性。

4）子系统：一个子系统就是一个资源控制器，比如 CPU 子系统就是控制 CPU 时间分配的一个控制器。子系统必须附加（attach）到一个层级上才能起作用，且一个子系统附加到某个层级以后，这个层级上的所有控制组都受到这个子系统的控制。一个任务可以是多个 CGroup 的成员，但是这些 CGroup 必须在不同的层级。

1.2.4　cpuset 配置

Android 中的 cpuset 是基于线程优先级的，并根据不同优先级划分线程的类型。AMS 等通过 Process.java 中的方法设置线程 / 进程优先级，进而限定 CPU 等资源。简单理解就是强制将进程进行分组，然后通过 cpuset 机制去设置每个组的进程能运行在哪几个 CPU 核上。那么，具体分成哪些组呢？可以通过命令 ls 查看，比如某旗舰机上 cpuset 参数的配置情况如表 1-3 所示。

表 1-3　cpuset 参数的配置情况

CPU 分组	核　分　配	进　程　配　置
/dev/cpuset/system-background/cpus	0~3	没有线程放入
/dev/cpuset/foreground/cpus	0~7	没有线程放入
/dev/cpuset/boost/cpus	0~7	system_server
/dev/cpuset/top-app/cpus	0~7	没有线程放入

（续）

CPU 分组	核 分 配	进 程 配 置
/dev/cpuset/key-background/cpus	0~3	com.tencent.mm:appbrand1 com.tencent.mm:appbrand0 com.tencent.mm:tools com.tencent.mm:toolsmp com.tencent.mm com.tencent.mm:push
/dev/cpuset/background/cpus	0~3	没有线程放入
/dev/cpuset/restricted/cpus	0~7	com.android.systemui
/dev/cpuset/vip/cpus	0~7	system_server: android.anim RenderThread

微信所有的进程都放在 /dev/cpuset/key-background/cpus 小组中，这就意味着微信的进程一旦被放到后台，就只允许在 0~3 这四个核上运行。要确认 cpuset 是否使能，首先要确认平台上是否已经打开 cpuset，即查看 cgroups 里 cpuset 的 enabled 是不是 1，如图 1-14 所示。

```
λ adb shell lcat /proc/cgroups
#subsys_name    hierarchy       num_cgroups     enabled
cpuset  4       8       1
cpu     3       2       1
cpuacct 1       198     1
schedtune       2       5       1
blkio   5       5       1
freezer 0       1       1
```

图 1-14　cpuset 使能标签

确认 cpuset 子系统可以运行之后，剩下的工作就是调整 cpuset 各组的参数值了，要找到一个尽可能优秀的组合。不同的 SoC 平台厂家的配置文件各不相同，高通平台的参数一般配置在 init.target.rc 中，感兴趣的读者可以尝试打印出来比较一下，如图 1-15 所示。MTK 平台在 init.mtXXXX.rc 中修改，展锐平台在 init.common.rc 中修改。

```
on property:sys.boot_completed=1
    write /dev/cpuset/top-app/cpus 0-7
    write /dev/cpuset/foreground/cpus 0-6
    write /dev/cpuset/background/cpus 0-1
    write /dev/cpuset/system-background/cpus 0-3
    write /dev/cpuset/restricted/cpus 0-3
```

图 1-15　cpuset 配置情况示例

1.2.5　UFS 与 eMMC

UFS 与 eMMC 都是面向移动端的 Flash 标准，近年来还兴起一些类似苹果手机的移动固态硬盘，称为 eSSD，不过目前还没有被大范围应用。一般来讲，UFS 3.x 的数据读写性能要比 eMMC 5.x 好很多倍，也主要用于旗舰机。对于用户而言，UFS 与 eMMC 的差异主要体现在文件读取速度、视频加载速度、文件拷贝等方面，从 Benchmark 软件跑分来看，差距基本都是以万为单位。不过是否支持 UFS 或者支持到多少版本是 SoC 平台来确定的，具体与每个芯片平台的市场定位有关，比如高通的一些超低端平台就不支持UFS。近年来，很多低端 5G SoC 开始逐渐支持 UFS 2.1 与 eMMC 5.1 两种标准。不过从整机成本来看，UFS 2.1 在一段时间内的成本反而快与 eMMC 5.1 趋同了，尤其是国内厂家崛起之后。但实际应用过程中还是出现了不少稳定性问题，笔者团队在一些低端平台引入新 UFS 2.1 物料应用时就曾遇到过类似问题，团队发现 UFS 2.1 在出 bug 后的性能远不如 eMMC 5.1 的性能。

再来看看 UFS 与 eMMC 的区别，2019 年以前的智能手机闪存标准多数采用 eMMC，但从 2019 年开始，这种情况发生了改变，不少智能手机开始采用 UFS 2.1 标准。2020 年1 月底，JEDEC（固态技术协会）发布了关于 UFS 的最新标准——UFS 3.1 标准。而后，铠侠（Kioxia）和西部数据（WD）就推出了首款适用于智能手机的 UFS 3.1 兼容存储器。

从目前市场情况来看，UFS 已经开始逐渐取代 eMMC，成为未来一段时间内的主流手机存储。那什么是 UFS？最新发布的 UFS 3.1 标准又会带来哪些性能上的提升？

UFS 1.0 标准诞生于 2011 年，但性能较差，并没有得到大规模商用。2013 年 9 月，JEDEC 发布了 UFS 2.0 版本，新版本提供了更高的链路带宽以提高性能，扩展了安全功能，并提供了其他省电功能。从数据来看，UFS 2.0 提供了 HS-G2 和 HS-G3（可选）两个传输信道，理论带宽分别为 5.8 Gb/s（725 MB/s）和 11.6 Gb/s（1450 MB/s），速度上大大超过了 eMMC 5.0 的 400 MB/s（理论带宽）。从 2016 年开始，随着 UFS 2.0 实现量产以及手机处理器逐渐加入对 UFS 2.0 的支持，UFS 2.0 闪存开始受到主流旗舰手机的青睐。同年，JEDEC 又发布了 UFS 2.1 通用闪存标准，2017 年 UFS 2.0 开始向 UFS 2.1 标准升级，其可选的 HS-G3 通道也逐渐成为必选。

2018 年 1 月 30 日 JEDEC 发布了 UFS 3.0 标准，该版本是为需要高性能、低功耗的移动应用和计算系统而开发的。UFS 3.0 是第一个引入了 MIPI M-PHY HS-Gear4 标准的闪存存储，单通道带宽提升到 11.6 Gb/s。由于 UFS 的最大优势就是双通道双向读写，所以接口带宽最高可达 23.2 Gb/s，也就是 2.9 GB/s，这个值是 HS-G3（UFS 2.1）的 2 倍。2019 年下半年，大多数主流旗舰机都选用了 UFS 3.0 标准。由此可见，通用闪存存储产品开始渐入佳境。

2020 年 1 月 30 日 JEDEC 发布了 UFS 3.1 标准。2021 年开始，高端系列手机开始全面采用 UFS 3.1 标准。UFS 3.1 标准的优点主要有以下三个。

1）Write Turbo。增加写入加速器，UFS 3.1 的写入速度能够达到 700 MB/s，而 UFS 3.0 的写入速度只能达到 500 MB/s。

2）Deep Sleep。顾名思义，该机制可以让闪存在空闲时间进入睡眠状态，从而达到降低功耗、省电的作用。

3）HPB。全称是 Host Performance Booster（主机性能增强）。众所周知，Android 系统手机都会越用越卡，大部分原因是手机用久了之后会产生大量垃圾文件，导致存储器中产生大量碎片，使手机在读取时的速度变慢。HPB 可以大致理解为更有效的碎片清理功能，但本质上还是比不上个别手机大厂定制 UFS 驱动提供的碎片化整理能力。

1.2.6　LCD 与屏幕刷新率

玩手机的时候几乎所有时间都是盯着手机屏幕看，那 LCD 的具体含义是什么？它到底有哪些类型和哪些特点？与之相关的屏幕刷新率又是由谁来决定的？本节将重点介绍。

LCD 全称是 Liquid Crystal Display（液晶显示器）。而 OLED 的全称是 Organic Light-Emitting Diode（有机发光二极管）。从这里就可以看出，LCD 和 OLED 在本质上有很多不同，具体介绍如下。

1. 显示原理不同

LCD 是靠背光板发光，然后光线经过液晶的偏振来显示不同的颜色；OLED 则不需要背光板，因为 OLED 的像素本身就会发光，简称自发光技术。

2. 黑色的程度不同

LCD 因为需要背光板，在显示黑色的时候，其实是通过偏振晶体遮挡光线，但是光线的遮挡是不可能达到 100% 的，所以 LCD 的黑色更像灰色，而且 LCD 显示黑色界面是要耗电的；OLED 则不同，由于 OLED 没有背光源，每个像素自发光，在显示黑色的时候，像素不发光即可，所以 OLED 屏幕可以显示纯黑，因此也更省电。

3. 是否可以弯曲

LCD 屏幕是不可以弯曲的，而 OLED 屏幕是可以弯曲的，所以，曲面手机屏大多是 OLED 屏幕。读者是否注意到一个现象，即很多直屏的手机并不支持熄屏显示功能，曲面屏手机支持，原理就在这里。

4. 可视角度不同

LCD 屏幕的可视角度比较小，而 OLED 屏幕的可视角度要大很多。

5. 对比度不同

LCD 屏幕在对比度方面要明显弱于 OLED，因为 OLED 可以从纯黑到纯白，而 LCD 屏幕只能从灰色到纯白。

6. 是否会烧屏

LCD 屏幕基本不存在烧屏的问题，因为它是偏振过滤光线；而 OLED 存在烧屏问题，因为屏幕长时间不变化，其屏幕像素自发光就会相应加速某一块像素点的老化。细心的读者可能已经注意到，熄屏显示的图案不是一直显示在屏幕的同一个位置，而是在不断变换位置，根本目的就是防止烧屏。烧屏是指屏幕在白屏的时候，也能看到之前显示过的一些内容，就像玻璃上之前贴过对联，撕掉后还保留着一层轮廓痕迹。

LCD 只要通电点亮就是屏幕下面的灯全部打开，也就是整个背光层全部打开，而 OLED 的像素点独立工作，发光控制较为精细，所以 LCD 注定耗电要多一些。当然这是正常的情况，不排除因工艺原因导致两者耗电性能相反，毕竟某些时候成本更加重要。

由于 OLED 可以单独点亮某些像素点，因此产生了熄屏显示（Always On Display，AOD）这个亮点功能，即在屏幕关闭后，以低亮度点亮几个像素点来显示时间等信息。三星手机早期出曲面屏时，搭配高大上的熄屏显示功能，可以在不开启屏幕的情况下就知道有消息发来，触摸屏幕某些区域就会点亮屏下指纹等等。这个功能看似可以通过减少用户按电源键看时间等操作的次数来达到省电的目的，但国内很多屏幕厂家最后将 OLED 屏幕的工作电流做得比 LCD 还要高，甚至高出很多，因此有时候会起反作用，某些采用高端屏幕的手机由于屏幕天然电流较低，可以常开熄屏显示功能，但用一些电流高的屏幕时就必须无奈地设计出一些折中的 AOD 模式来达到省电的目的。

LCD 中还有一个重要概念就是屏幕刷新率和 TP 报点率，近年来在高刷屏幕中出现较多的名词是 LTPO 技术。LTPO 的全称是 Low Temperature Polycrystalline Oxide（低温多晶氧化物）。支持 LTPO 技术的屏幕最低刷新率可以做到 1 Hz，也就是说，可以通过低刷新率来降低功耗。从公开资料中了解到，三星 S21 Ultra 所搭载的屏幕可调节的刷新率范围在 10~120 Hz。国内某些知名手机厂家也在该技术上投入较多，通过检测手机显示内容或者应用，自动在 1~120 Hz 选择最合适的刷新率，比如说以 120Hz 的刷新率来刷微博列表，以 1 Hz 的刷新率显示静态画面，以 24 Hz 或 30 Hz 的刷新率看视频，试图通过动态调整更多档位的刷新率来大幅度降低屏幕功耗。但该技术发展到 2022 年年底时还没得到大范围普及，主要原因是支持 LTPO 技术的屏幕硬件成本相对高一些，而且支持的刷新率档位越多，软件调试的时间成本也就越高。

LCD 和 OLED 的不同之处有很多，但驱动内容显示的原理是相同的。不知道读者有没有考虑过一个问题：屏幕上的内容是通过什么机制来刷新的？答案是通过时序来控制。先来看下 LCD 时序是什么。时序的概念要从过去的 CRT 显示器（即"阴极射线显像管"）的原理说起，CRT 的电子枪按照从上到下的顺序一行行扫描，扫描完成后显示器就会呈现一帧画面，随后电子枪回到初始位置继续下一次扫描。为了保证显示器的显示过程和系统的视频控制器同步，显示器（或者其他硬件）会用硬件时钟产生一系列的定时信号，当电子枪换到新的一行准备进行扫描时，显示器会发出一个水平同步（Horizontal Synchronization）信号，简称 HSync 信号；而当一帧画面绘制完成后，电子枪恢复到原位，准备画下一帧前，显示器会发出一个垂直同步（Vertical Synchronization）信号，简称 VSync 信号。显示器通常以固定频率进行刷新，这个刷新率就是 VSync 信号产生的频率。尽管现在的设备大都是液晶显示屏，但原理仍然没有变。

行数据刷新原理示意图如图 1-16 所示。

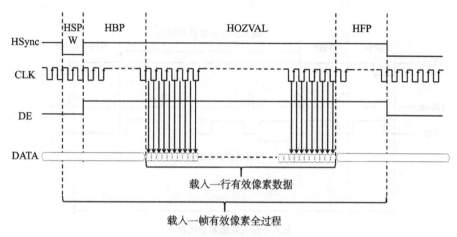

图 1-16　行数据刷新原理示意图

屏幕相关的硬件概念包括行同步信号及列同步信号、CLK（像素时钟）、DE（数据使能信号）、HBP（行同步前置信号）、HFP（行同步后置信号）等，具体含义如下。

❏ CLK：像素时钟，像素数据只有在时钟上升沿或下降沿时才有效。

❏ DE：数据使能信号，当它为高时，在 CLK 信号到达时输出有效数据。

❏ HBP：行同步前置信号，水平同步信号的上升沿到 DE 的上升沿的间隔。

❏ HSPW：水平同步信号的低电平（非有效电平）持续时间。

❏ HFP：行同步后置信号，DE 的下降沿到水平同步信号的下降沿的间隔。

图 1-16 中从 HSync 信号的下降沿开始，等待两个 CLK 产生一个上升沿，在等待一个 HBP 时间后开始传输一行像素数据，像素数据只有在像素时钟的上升沿或下降沿时才会写入。这里只讨论原理，并不是某个特定平台的具体实现，所以 HSW 所对应的时钟数字并不是以图 1-16 中所示为准，具体产品中会有调整。经过 N 个像素时钟后成功将一行像素数据写入屏幕驱动。类似地，在两帧画面之间也存在一些间隔，这时列同步信号的作用就发挥出来了。列同步信号包括 VSW（VSync 信号下降沿到上升沿之间

的时间）、VBP（帧同步前置信号）、VFP（帧同步后置信号）、VPROCH（消隐区，是指 VSPW+VBP+VFP，这个时间段内 Panel 不更新像素点的颜色）。列 / 帧数据刷新原理示意图如图 1-17 所示。

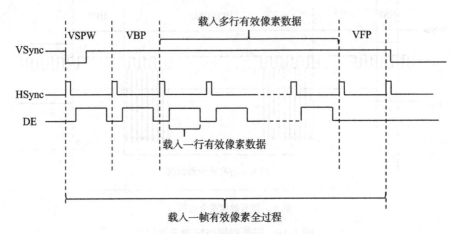

图 1-17   列 / 帧数据刷新原理示意图

在一个 VSync 信号周期内，包含多个 HSync 信号周期，周期个数就是屏幕在纵向的像素点个数，也就是屏幕上有多少行像素点。每个 HSync 信号周期内传输一行内所有像素点的数据。屏幕在刷新数据时是以行为单位写入数据。HSync 信号是协调行和行之间的同步信号。多个行依次写入构成一帧数据，帧和帧数据之间由 VSync 信号来同步协调。当多帧画面依次输出到屏幕的时候我们就能看到运动的画面，通常这个速度达到每秒 60 帧时人眼看到的画面就很流畅了。

2020 年以前手机产品还是以 60 Hz 的刷新率为主，不过近年来屏幕厂家都在主推高刷新率，各手机厂家也开始将屏幕高刷新率作为卖点之一，用户也天然地认为刷新率越高越流畅。屏幕刷新率的具体定义是 1 s 屏幕刷新多少帧图片。从人眼感知来看，的确是刷新率越高越好，因为帧数越高，显示的细节越多，眼睛会觉得内容更加细腻和流畅，游戏手机更是能达到 165 Hz 的超高刷新率。不过这些都是以屏幕本身高昂的成本为代价的，甚至可能要定做一款屏幕，开模费用极高。理论上屏幕刷新率越高，用户是会感觉到系统越流畅，但并不是说永远不会发生卡顿。

1.3　应用耗时操作案例

对卡顿相关的基本技术有个全面的认识以后，本节将介绍具体的卡顿优化实操案例以及一些基本原理，包括复杂布局卡顿、关键路径业务逻辑复杂卡顿等。

1.3.1　案例 1：平台能力有限与布局过于复杂

不同的应用由于业务不同或者开发人员经验不足，经常会出现冷启动后第一帧显示慢，甚至短暂黑屏，然后才看到应用逐渐显示出来的情况，这种现象的原因一般有两种，第一种是开发人员在冷启动关键路径上做一些耗时操作，第二种是布局文件太复杂，本节重点讲第二种，后续章节介绍第一种。另外，一些中低端平台也容易出现这类问题。比较典型的现象是前几年四核 CPU 时代淘宝冷启动黑屏现象，以及当前在某些机型上点击微信列表进入聊天详情页面时会偶发微信反应速度慢的现象。

为什么会慢？我们先来大致了解下 Android 系统是如何将一个界面显示出来的。大家知道，要写一个界面，会先写一个布局文件，然后在 Activity 里调用 setContentView() 函数显示 UI 界面。但是 setContentView() 这个系统函数的实现原理是比较复杂的，本文不具体描述细节。界面加载的核心逻辑描述如下，首先创建底层布局 DecorView；然后通过窗口管理器加载窗口；最后通过 ViewRootImp 将 DecorView 加载到窗口中，如图 1-18 所示。

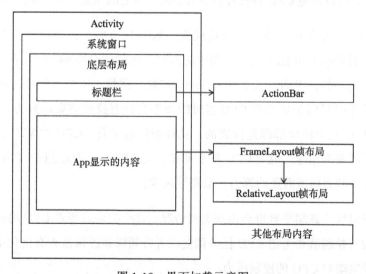

图 1-18　界面加载示意图

setContentView() 函数会先创建系统窗口，即 PhoneWindow，然后继续调用这个窗口里的 setContentView() 函数去生成一个 DecorView 作为最终的各种图形显示的画板，然后在这个画板上进行布局、测量、绘制操作，如图 1-19 所示。

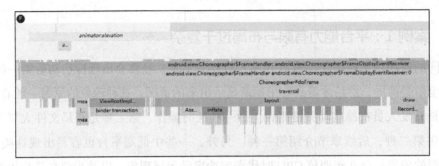

图 1-19　界面加载 Systrace 示意图

在开发应用时，不同界面采用不同的布局方式，在加载逻辑上也会有所差异。从性能优化角度讲，布局的层级不能太深，一般谷歌不建议超过 3 层，复杂情况最好不要超过 4 层，因为布局、测量是个递归流程，最终是由 CPU 来递归计算每个 View（视图）的长宽以及位置坐标，最后汇总一个完整的结果，这就是为什么写布局的时候可以使用 match-parent 属性来继承父布局的长宽，因为最终都是给操作系统用来计算位置的，直接写固定像素值，可以避免 CPU 再去计算相对布局所需的像素，更快地完成递归运算。

接下来看一个复杂布局导致的卡顿现象，如图 1-20 所示，可以看到出现了多个红色帧，按默认刷新率（60 Hz）来算，图中的四帧丢帧就会卡顿 64 ms 左右，继续看一个 VSync 周期内的一帧，里面有大量的 inflate、布局、测量、绘制等操作，可以看出层级很深，当然这个时候同步也要看 CPU 当时的频率有没有拉到需要的算力，如图 1-21 所示，图中 CPU 的八个核全部都是拉满的，从详细信息来看，CPU 的 Wall Duration 时间与 Running 时间基本相等，说明 CPU 基本没有空闲的时候，也就是说，CPU 这个时候无法满足这么复杂的布局所需要的算力，最终导致卡顿。

当然，有时候中高端平台也会出现类似情况，这个时候就要看 CPU 的频率是否已经拉满，如果没有拉满就要考虑 CPU 任务调度或者升频降频逻辑是否有优化空间，还要同时关注到温控策略对 CPU 的控制压力。

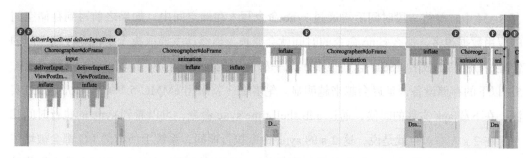

图 1-20　由复杂布局导致卡顿的实例

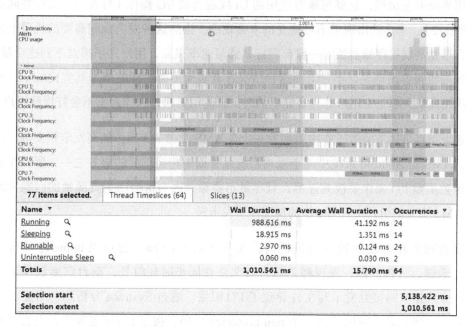

图 1-21　CPU 频率与任务运行情况

1.3.2　案例 2：关键路径频繁 I/O 操作

作为手机用户，大家有没有发现偶尔在应用市场下载应用的时候会出现小概率的卡顿现象，尤其是在后台速率下载很高的情况下，排除掉 CPU 繁忙的原因，本节重点分析一下这种卡顿现象的案例。

在应用市场上下载一个应用，通常认为这个应用的 apk 文件会被操作系统直接写入存储空间中，其实中间有个小插曲，即该文件并不是直接写入存储空间，而是先写入内存 RAM 中，等待一段时间后再通过 sync 命令写入存储空间中。如果之前写到存储空间的应用数据很多，那么 sync 命令的时间就会变长，当然这主要取决于手机上存储空间的性能，UFS 3.1 或者 ESSD 会好很多，几乎感觉不到延迟，但对于 UFS 2.1 或者 eMMC 5.1 以下的存储设备，延迟会越来越明显。笔者在一款采用 eMMC 5.1 的千元机上做过实测，在下载 apk 文件的时候，通过 adb shell time sync 命令，可以看到 sync 的执行时间几乎都在 2 s 左右。也就是说，这 2 s 的 sync 命令执行期间，系统上所有的 I/O 都会被堵住（eMMC 是个慢速设备，这个是很无奈的事实）。如果刚好同步的那 2 s 正巧与我们操作其他应用界面并发出现，这就意味着应用的 UI 线程会被 I/O 操作（写入一个文件并同步文件）堵住 2 s，于是就出现了不可接受的卡顿现象，当然这种现象在越高端的机器上越不明显，毕竟高端机存储器性能一般都很好，读写速率很高，用户几乎感觉不到这个延迟，但中低端机很容易遇到，不过上面这种情况在真实使用时出现的概率其实比较小，因为现在应用商店大都是在用户休息且充电的时候做应用更新，这样几乎不会打扰到用户。

这里重点讲述下笔者工作中遇到的一个在 AMS 中做 I/O 操作的高发卡顿案例。大家知道，AMS 是 Android 系统中几个重大系统服务器中相当重要的服务之一，所以在它的核心函数里做 I/O 操作要极其谨慎，且尽量不要做，因为这会因为资源锁的问题导致所有与 AMS 交互的组件出现等 I/O 的情况而引发卡顿。

笔者团队在开发一款中端机器时，在某个版本按 back 键以及 home 键时系统多次出现卡顿，分析原因，发现都是后台有文件在同步时耗时长，前台广播触发了 non-protected 广播，间接触发了写文件导致了 I/O 阻塞。通过 Systrace 分析到，当按下 back 键时有个自研的系统应用发出一个 non-protected 广播，按下 home 键操作也有类似的广播，甚至不做任何操作时也有很多广播。图 1-22 是某系统应用发送特殊的 non-protected 广播时引发的 I/O 阻塞案例截图。

图 1-22　特殊广播引发 I/O 阻塞

当时甚至发现有人在输入流程里都加入了广播，甚至引发了 power 键短按变长按以

及触摸屏短按变长按的问题。类似的，应用冷启动过程中也容易出现这类不必要的 I/O
阻塞操作，如图 1-23 所示。

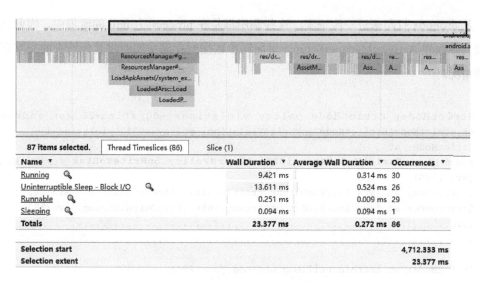

图 1-23　冷启动过程中 I/O 阻塞

这部分的代码逻辑如图 1-24 所示。

```
ProcessRecord handleApplicationWtfInner(int callingUid, int callingPid, IBinder app, String tag,
        final ApplicationErrorReport.CrashInfo crashInfo) {
    final ProcessRecord r = findAppProcess(app, "WTF");
    final String processName = app == null ? "system_server"
        : (r == null ? "unknown" : r.processName);

    EventLog.writeEvent(EventLogTags.AM_WTF, UserHandle.getUserId(callingUid), callingPid,
        processName, r == null ? -1 : r.info.flags, tag, crashInfo.exceptionMessage);

    addErrorToDropBox("wtf", r, processName, null, null, tag, null, null, crashInfo);

    return r;
}
```

图 1-24　引发 dropbox 写文件的代码逻辑

　　经过调查发现，这些广播都是一个系统应用为了实现某些功能添加的，该应用在
system 进程中，发出的是 non-protected 广播。大家知道，广播属于四大组件，需要
到 AMS 里绕一圈，通过跟踪发现，这个广播到 AMS 以后，会触发一个 non-protected
打印，这个打印是 wtf 打印出来的，会在 data 分区的 dropbox 产生一个 systemserver_
wtf@****.txt 文件，这就产生了一次 I/O 操作，也就是说每个 non-protected 广播都相当

于在 AMS 资源锁里面写入文件并同步文件，这就会锁住 AMS 其他流程。

从 addErrortoDropBox 函数中可以看到，process 为 null 时会出现写操作。

从 dropbox 打印来进一步证实，这些调用都是在 process 为 null 的流程中，因此这个过程会导致在 ActivityManagerService 里面同步数据到存储空间时将其他所有的交互都卡住的情况。

```
StrictMode: StrictMode policy violation; ~duration=24 ms: android.
os.StrictMode$Stri\ctModeDiskWriteViolation: policy=65543 violation=1
StrictMode: at
android.os.StrictMode$AndroidBlockGuardPolicy.onWriteToDisk(Strict\Mode.
java:1386)
StrictMode: at java.io.FileOutputStream.<init>(FileOutputStream.java:222)
StrictMode: at java.io.FileOutputStream.<init>(FileOutputStream.java:171)
...........................................................
...........................................................

StrictMode: at android.util.Log.wtf(Log.java:294)
StrictMode: at com.android.server.am.ActivityManagerService.checkBroadcastFrom
System(ActivityManagerService.java:20855)
StrictMode: at com.android.server.am.ActivityManagerService.
broadcastIntentLocked\(ActivityManagerService.java:21373)
StrictMode: at com.android.server.am.ActivityManagerService.broadcastIntent
```

解决方法有三种：

1）通知所有开发人员对已知的关键流程中的操作文件的行为，尤其是 write-sync 文件操作的代码做优化，如 non-protected 广播一定要整改。

2）通过谷歌提供更多 StrictMode 来监控到主线程的文件 I/O 操作，纳入代码集成开发测试环节中，把这些异常输出都监控起来并要求第二天立刻整改。

3）另外一个话题，文件系统或者存储器老化也会加重该问题，读写速率慢其实是这个问题的根源，但毕竟存储设备相对于 CPU 而言永远都是一个慢速设备，所以基本无解。当然这里想说的是，一个新手机可能暂时不会出现卡顿，但是随着使用时间变长，存储空间有大量的脏数据，手机会在某个时刻同步到 eMMC 时由于速率慢引发卡顿，而且用户会感觉到越用越卡，原因就是在这个同步的过程中，在关键流程里面做同步文件的操作时产生了 I/O 阻塞。如果能让同步执行得更快，也能改善性能，这与手机老化也有关系，手机老化后，碎片程度严重，文件系统性能下降，I/O 操作变多反应也就变得迟钝。

1.3.3 案例 3：核心函数费时操作

做系统框架的同行应该会有印象，系统中有很多函数的逻辑需要用到数百行代码，逻辑极其复杂但又极其重要，系统中大量 UI 层面的交互都会调用类似的函数，这类函数往往都是手机 ROM 厂家经常修改的文件，所以很容易给系统卡顿埋坑。下面以笔者在工作中碰到的一个在 getInstalledPackages 函数中因代码缺陷引发的卡顿案例来进行分析。

当线程持有锁的时间较长时，我们将堆栈输出，从日志中发现某个 getXXXX_A() 函数被采集了很多次，大致可总结为两种情况，一种是调用时间比较长，另一种是被调用的次数多。针对第一种情况，我们发现该函数运行中读取了某个 xml 配置文件，内容较多，但是并没有缓存机制，解决方案应该是将其结果缓存起来，如果不修改，在手机处于低内存状态或者机器本身的 Flash 速率不高的时候，就会随机卡住关键路径，出现偶发卡顿；针对第二种情况，我们发现关键函数被调用的次数非常多，从源码中发现，存在将该耗时函数放在循环中嵌套调用的情况，实际从业务角度来看，并不是每一次循环都要调用 getXXXX_A() 函数，代码层面需要进一步提效，问题代码如下所示，函数先锁住了 mPackages 包名列表这个变量，然后进行遍历，当包名较多时，这个循环运行的时间就会很长，导致其他模块调用相同函数或者类似业务的时候很容易出现被卡住的情况。

```
getXXXX_A(){
    ......
    synchronized (mPackages)
        for (Packag ps : mPackages.values()) {
            ......
    ArrayList<String> needHidenPkgs = Config.getXXXX_A(XXX);
            ......
        }
}
```

1.3.4 案例 4：关键路径频繁数据库操作

数据库操作在日常业务中的使用是非常频繁的，无论是在应用开发还是在系统定制时，数据库操作都应该避开关键路径，本质上数据库操作就是一次 I/O 操作，本节将列举笔者遇到的两个经典案例进行分析。

先来看第 1 个案例，在系统做后台应用自启动拦截业务时，每次都会在关键路径上查询一次数据库，以查看该应用是否符合后台自启动的系统条件，由于类似业务大部分都是在 AMS 中修改，相关的业务经常要持有 AMS 大锁，如果在这里面查询数据库就会大大增加卡顿的概率，尤其是中低端机型。针对这种问题，其实谷歌在开发者选项里提供了 StrictMode 模式，来监控主线程是否有耗时操作，以便及时发现类似的问题。

一般能完成相关业务的开发者都是有一定 Android 框架开发经验的，往往也会想到这样写会影响性能，但是要真正度量出来这种操作对性能的影响是极其困难的，大多数情况下都是初步验证一下执行前后的系统时间，如果两个时间差在毫秒级就提交了代码，往往可能会带来灾难性的后果。笔者和团队在优化类似代码时就遇到过类似的问题代码，安装 100 个三方应用，通过脚本启动一遍以后静置在后台，然后观察自启动拦截日志。经过分析发现最严重的情况是代码在 1 s 之内被执行了上千次，每次消耗的时间并不相同，最少的是 1 ms，最长的可以达到 17 ms，这个执行时间都够完成一帧的显示流程了，继续分析 Monkey 压力测试中的日志发现，最长的一次居然耗时 300 ms，正常情况下每次运行时间平均在 1~2 ms，但累积起来就很可怕，而且随着用机时长增加，硬件也会出现一定程度的老化，硬件性能也会下降，进一步加剧这个现象。

下面来看一个 QQ 空间滑动卡顿的案例，2021 年 8 月很多用户反馈 QQ 在浏览 QQ 空间时滑动卡顿非常严重，而且是复现的，通过抓取 Systrace 发现确实每次滑动基本都会卡顿好几次，如图 1-25 所示。

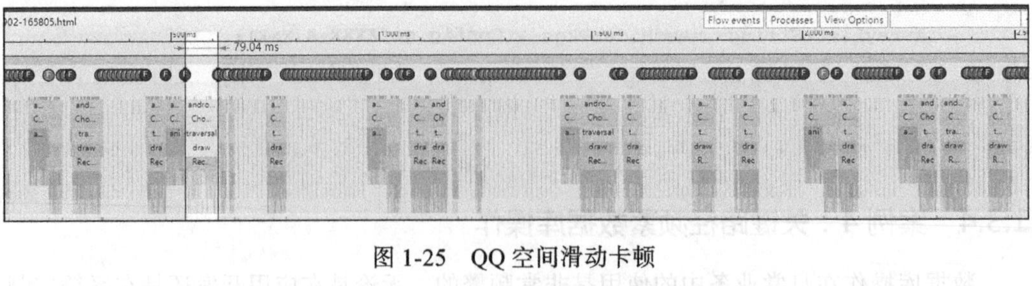

图 1-25　QQ 空间滑动卡顿

进一步放大分析发现，每次卡顿的时候都有大量的查询（query）操作，具体来说，每一帧都有几十次查询数据库操作，至此，卡顿的原因基本可以确认，QQ 空间滑动过程中会进行大量的查询操作，如图 1-26 所示。

图 1-26　QQ 空间查询操作频繁

面对这个问题，系统厂家会先怀疑是否系统侧数据查询方面效率不够，但是与竞品对比后并没有发现异常，数据库读写速率与文件操作增删改查的速率差异并不大，当然高端机上由于存储性能好卡顿感有改善，但在系统侧软件流程上，优化空间有限，如果对 QQ 空间的 query content 操作的结果进行缓存，或者跳过，都会造成浏览空间时界面显示异常。进一步分析发现，QQ 空间主要通过 ContentResolver 进行查询操作，然后会调用 ContentProvider 的查询操作进行数据相关的查询。ContentProvider 将底层的数据结构（比如数据库、文件）封装并提供增删改查的接口，以供其他地方调用。ContentResolver 的 query 方法首先调用 acquireUnstableProvider 获取 unstableProvider。如果 unstableProvider 可以查询到数据，就使用 unstableProvider。否则就在 catch 方法中调用 acquireProvider 方法获取 stableProvider，并使用 stableProvider 进行查询。不管是 unstableProvider 的 query 方法还是 stableProvider 的 query 方法，调用的都是 ContentProvider。

到这里，我们也再次确认卡顿堆栈与应用数据库查询操作有关：

```
08-21 11:58:18.784 23796 23815 D JANK    :
android.app.ActivityThread.acquireExistingProvider(ActivityThread.java:7473)
08-21 11:58:18.784 23796 23815 D JANK    :
android.app.ActivityThread.acquireProvider(ActivityThread.java:7319)
08-21 11:58:18.784 23796 23815 D JANK    :
android.app.ContextImpl$ApplicationContentResolver.acquireProvider(ContextImpl.
java:2916)
08-21 11:58:18.784 23796 23815 D JANK    :
```

```
android.content.ContentResolver.acquireProvider(ContentResolver.java:2510)
08-21 11:58:18.784 23796 23815 D JANK    :
android.content.ContentResolver.query(ContentResolver.java:1220)
08-21 11:58:18.784 23796 23815 D JANK    :
android.content.ContentResolver.query(ContentResolver.java:1121)
08-21 11:58:18.784 23796 23815 D JANK    :
android.content.ContentResolver.query(ContentResolver.java:1077)
08-21 11:58:18.784 23796 23815 D JANK    :
......
```

后来 QQ 在后台修复了该 bug，修复后 Systrace 里看不到红色掉帧情况，QQ 空间恢复正常，如图 1-27 所示。

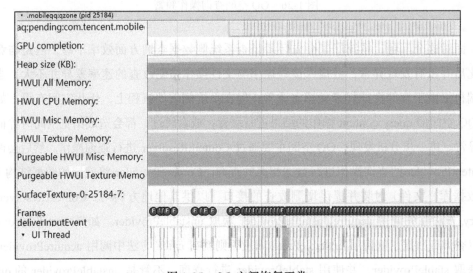

图 1-27　QQ 空间恢复正常

综上，卡顿问题明显改善，QQ 把原来在绘制过程中的 ContentProvider 查询操作从主线程中移除了。其实除了频繁读写数据，还可能会遇到频繁读写系统属性导致系统卡死等问题，如 GetBoolean 一个晚上被调用了 600 万次的情况。

1.3.5　案例 5：Binder 风暴

相信大家对 Binder 机制不会太陌生，高效的数据共享机制用不好也容易出现问题。在一次测试过程中我们发现有 6 次 Watchdog 重启，从日志看都是因为 Binder 线程无法响应使得 system_server 进程被杀导致的重启。通过分析发现，重启时各进程并没有阻塞或死锁，但是大量的 Binder 进程处于 Waiting 状态等待唤醒，没有空闲的 Binder 可以继续处理业务，导致 Watchdog 超时，这种现象就被称为 Binder 耗尽或者 Binder 风暴，此时的日志截图如图 1-28 所示。

　　由日志可知，31 个 Binder 线程全都处于 Waiting 状态。每个等待的进程的情况类似，堆栈如下，都是在执行 shell 命令的时候陷入 wait 方法等待被唤醒，据此判断应该是测试工具的 command 命令执行导致的等待，所以怀疑是由可靠性测试工具导致此问题。

```
Line 6326: "Binder:1535_D"  prio=5 tid=101 Waiting
Line 6347: "HwBinder:1535_4"  prio=5 tid=102 Native
Line 6397: "Binder:1535_E"  prio=5 tid=107 Waiting
Line 6418: "Binder:1535_F"  prio=5 tid=108 Waiting
Line 6439: "Binder:1535_10"  prio=5 tid=109 Native
Line 6462: "Binder:1535_11"  prio=5 tid=110 Waiting
Line 6483: "Binder:1535_12"  prio=5 tid=111 Waiting
Line 6504: "Binder:1535_13"  prio=5 tid=65 Waiting
Line 6525: "Binder:1535_14"  prio=5 tid=88 Waiting
Line 6546: "Binder:1535_15"  prio=5 tid=92 Waiting
Line 6567: "Binder:1535_16"  prio=5 tid=112 Waiting
Line 6588: "Binder:1535_17"  prio=5 tid=116 Waiting
Line 6627: "Binder:1535_18"  prio=5 tid=33 Waiting
Line 6669: "Binder:1535_19"  prio=5 tid=99 Waiting
Line 6711: "Binder:1535_1A"  prio=5 tid=114 Waiting

Line 6753: "Binder:1535_1F"  prio=5 tid=120 Waiting
Line 6795: "Binder:1535_20"  prio=5 tid=122 Waiting
Line 6870: "HwBinder:1535_5"  prio=5 tid=106 Native
```

图 1-28　Binder 风暴时的日志截图（部分）

```
"Binder:1535_1E" prio=5 tid=117 Waiting
..................................................................
com.android.server.am.ActivityManagerShellCommand.runStartActivi
ty(ActivityManagerShellCommand.java:405)  at com.android.server.
am.ActivityManagerShellCommand.onCommand(ActivityManagerShellCommand.java:141)
at android.os.ShellCommand.exec(ShellCommand.java:96)  at com.android.server.
am.ActivityManagerService.onShellCommand(ActivityManagerService.java:15095)
  at android.os.Binder.shellCommand(Binder.java:573)
  at android.os.Binder.onTransact(Binder.java:473)
  at android.app.IActivityManager$Stub.onTransact(IActivityManager.java:4265)
  at com.android.server.am.ActivityManagerService.onTransact(ActivityManagerSe
rvice.java:2986)
  at android.os.Binder.execTransact(Binder.java:674)
```

进一步分析发现，每次重启之前都会有大量 test 进程死掉的日志，大约有 30 个，与系统中允许的最大 Binder 数量 32 比较接近。这个 test 进程是测试部门开发的一个应用，专门用于通过 command 命令进行手机操作达到自动测试的目的。如果测试工具启动 Activity 过程中自己崩溃，可能会导致线程一直等待。于是猜想问题的原因可能是测试工具每崩溃一次就会占用一个 Binder，随着可用的 Binder 链接越来越少，系统处理命令越来越慢，最终导致 Watchdog 超时。经过日志对比，比如上述 31 个 Binder 线程等待的日志，刚好 test 进程死了 31 次，原因果然如此。

test 进程挂掉的异常日志如下所示，这种错误一般都是由模块没有捕获异常所致，但是测试工具捕获了对应的异常后，日志中仍然会出现如下 IllegalStateException 没有捕获异常的日志。

```
09-16 19:58:15.543 29762 29780 E AndroidRuntime: FATAL EXCEPTION: Instr:
android.support.test.runner.AndroidJUnitRunner
09-16 19:58:15.543 29762 29780 E AndroidRuntime: Process: com.XXX.test.xxx,
PID: 29762
09-16 19:58:15.543 29762 29780 E AndroidRuntime: java.lang.IllegalStateException:
UiAutomation not connected!
09-16 19:58:15.543 29762 29780 E AndroidRuntime:  at android.app.UiAutomation.
throwIfNotConnectedLocked(UiAutomation.java:1043)
09-16 19:58:15.543 29762 29780 E AndroidRuntime:  at android.app.UiAutomation.
disconnect(UiAutomation.java:275)
09-16 19:58:15.543 29762 29780 E AndroidRuntime:  at android.app.Instrumentation.
finish(Instrumentation.java:241)
09-16 19:58:15.543 29762 29780 E AndroidRuntime:  at android.support.test.
runner.MonitoringInstrumentation.finish(MonitoringInstrumentation.java:277)
09-16 19:58:15.543 29762 29780 E AndroidRuntime:  at android.support.test.
runner.AndroidJUnitRunner.finish(AndroidJUnitRunner.java:282)
09-16 19:58:15.543 29762 29780 E AndroidRuntime:  at android.support.test.
runner.AndroidJUnitRunner.onStart(AndroidJUnitRunner.java:271)
09-16 19:58:15.543 29762 29780 E AndroidRuntime:  at android.app.Instrumentati
on$InstrumentationThread.run(Instrumentation.java:2081)
```

继续从调用方寻找原因，如前面分析，Watchdog 发生超时时，多个 Binder 线程放弃了对 AMS 的锁，进入 Waiting 状态，等待其他线程通过 Notify 来唤醒自己。这里用一个 do-while 循环来控制所等待的条件。如果等待的条件因为某种原因一直无法满足，则一直无法退出循环，对应的 Binder 线程一直被占用，无法退出，进而产生死锁。

如果 Binder 线程到达上限，此时 App 向 service 端发起请求的频率过高，service 端如果对所有的业务执行都加锁，则会导致 service 端用于接收处理 Binder 事件的线程全部卡住，当线程池耗尽之后，就无法再处理请求。如果这个时候 App 的主线程再调用该 serivce 提供的方法，就很容易出现 ANR（应用无响应）问题。Binder 线程池满的判断方法有三种，分别介绍如下。

第一种方法：`cat /sys/kernel/debug/binder`

输出结果如图 1-29 所示，proc 代表进程号；一行 buffer 代表有一个 Binder 通信在占用 buffer 的空间，如果 Binder 不够用，在程序运行过程中该 proc 下的 buffer 的行数会越来越多，且不停地增长，这样基本就能判断 Binder 线程池快满了。

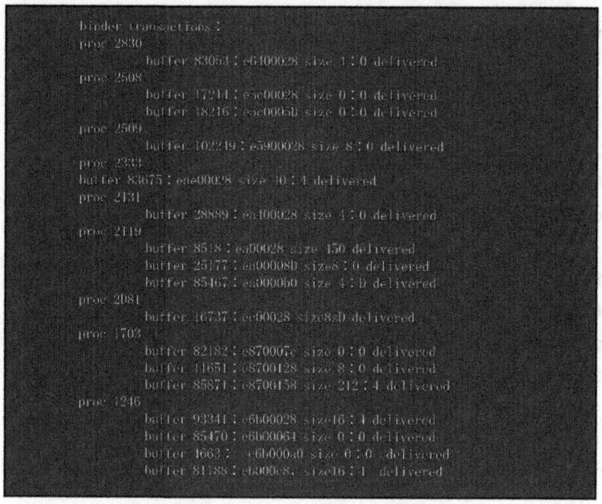

图 1-29　Binder 列表

还有一种状况的打印，其中新增一类以 thread 开头的代码，表示进程具有的接收 Binder 的线程，如果这类代码的行数超过 16，基本就可以确定 Binder 线程池已经满了。

```
proc 1663
  thread 1663: 1 02
    incoming transaction 73304: ffffffc07735c580 from 2364:3836 to 1663:1663
code 9 flags 10 pri 0 r1 node 9227 size 44:0 data ffffff8005580880
  thread 2158: 1 10
    outgoing transaction 73630: ffffffc097d93c00 from 1663:2158 to 2364:0 code
```

```
1 flags 10 pri 0 r1 node 23731 size 92:0 data ffffff8005c81018
  thread 2179: l 02
    incoming transaction 73390: fffffffc09a2bdf80 from 2364:3879 to 1663:2179
code 9 flags 10 pri 0 r1 node 9227 size 44:0 data ffffff8005580370
  thread 2968: l 01
    incoming transaction 73402: fffffffc0b1df1600 from 2364:3859 to 1663:2968
code 20 flags 10 pri 0 r1 node 9227 size 60:0 data ffffff8005580900
```

第二种方法：`adb shell debuggerd -b PID`

dump 该进程获得其墓碑文件，就基本能看出来线程的情况，Binder 线程的名称多是
Binder_1~Binder_A 这样的。如果是普通进程，线程满 16 个就能确定线程已满。如果是
系统进程，线程池数量是 32 个。

第三种方法：对于不能现场调试的场景，可以使用 bugreport 抓取系统日志，然后在
日志中搜索 BINDER TRANSACTIONS，找到类似下面的这种结构。

```
proc 2007
context Binder
context FIFO: 0
  cleared: procs=223 nodes=72951 threads=16505
  threads: 79
  requested threads: 0+31/31
  ready threads 31
  free async space 520192
  active threads: 6137915
  nodes: 402
  zombie nodes: 0
  zombie threads: 0
  zombie refs: 0
  refs: 1311 s 1311 w 1311
  buffers: 7
  pending transactions: 0
```

其中 requested threads: 0+31/31 这行代码中的 31/31 表示进程中已经启动了 31 个 Binder
线程，且最多能启动 31 个线程，所以基本可以判定 Binder 线程池已满。system_server 刚启
动时会占用一个 Binder 线程，其他可供动态通信用的线程为 31 个，因此 Binder 线程池满
的最终解决方法就是找到发起 Binder 风暴的代码，去限制请求的频率，该做缓存的做一些
缓存，不用每次都发起 Binder 调用，当然，Binder 机制本身也是有缓存机制的。

1.3.6　案例 6：UI 线程非绘制任务阻塞绘制

做应用的同人应该比较清楚，当应用启动时，系统会创建一个主线程，主要负责向 UI 组件分发事件（包括输入事件、绘制事件）。应用与 Android 的 UI 组件之间产生交互、更新 UI 以及响应各种事件也在此线程完成，因此该线程也叫 UI 线程。系统不会为每个组件单独创建线程，在同一个进程里的 UI 组件都会在 UI 线程里实例化，系统对每一个组件的调用都是从 UI 线程分发出去的，响应系统回调的方法也永远都是在 UI 线程里进行的。当应用在做一些延迟较大的操作时，比如网络请求、数据库操作、写文件等相关操作，最好不要放在 UI 线程里进行，因为这样容易出现阻塞，导致事件停止分发，甚至导致应用无响应。本节介绍一个某浏览器偶发的滑动时卡顿问题，从 Systrace 可以看到主线程中 doFrame 没有在一次滑动过程中均匀铺开，而是中间出现了三段大的间隔，如图 1-30 所示。

图 1-30　某浏览器滑动卡顿

将其中一段间隔区域进一步放大，如图 1-31 所示，可以看到这是一个 Binder 调用，继续放大可以看到，实际是 system_server 中有传感器相关的操作。对于外围器件的操作可能比较耗时，此时可以单独启动一些子线程来异步处理。

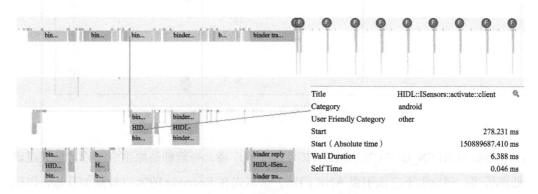

图 1-31　传感器操作相关的 Binder 调用引发卡顿

1.3.7 案例 7：非 UI 线程上绘制操作引发阻塞

有经验的应用开发者会尽量避开在非 UI 线程（下文统称为子线程）中进行 UI 更新操作，因为很多 UI 工具都是非线程安全的，在主线程更新的 Android 源码中经常会看到 ViewRootImpl.checkThread() 在很多地方被调用，其作用就是检查调用线程的合法性，如果是子线程就会抛出异常。子线程可以通过 runOnUiThread 向 UI 主线程发送消息，或者通过组件自身的 post 接口来进行更新，总之，在子线程上进行 UI 更新操作有风险！注意，这里说的是有风险，尽量不要这么做。有时候，代码的执行流程非常复杂，可能会出现经过多级调用最终还是落入了子线程更新 UI 的坑，而且系统也并非在所有的地方都能执行保护检测操作。本节分享一个隐藏较深的在子线程中更新 UI 导致主线程阻塞的案例。

在稳定性测试时偶发出现 SystemUI 应用无响应（ANR）问题，具体表现为：SCREEN_OFF 的广播超时，一开始怀疑是 SystemUI 主线程忙导致广播消息得不到调度，但后来发现在 ANR 超时的时间段内 SystemUI 主线程有很多日志输出，同时还有 touch 等事件的打印，说明主线程并不是完全无响应。从 Systrace 情况来看，SystemUI 主线程其实比较空闲，如图 1-32 所示。

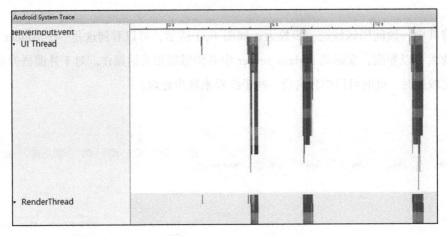

图 1-32 SystemUI 主线程空闲

类似 SCREEN_OFF/ON/TIME_TICK 这样的广播，一般都是原生应用或者框架逻辑处理居多，理论上不应该引发 ANR 问题，所以先在 Receiver 的入口处添加日志，以确认广播是否已经到达 SystemUI 应用侧。

SystemUI 应用是 Android 系统非常重要的应用，源代码中很多地方都注册了这个灭屏广播，所以当故障复现的时候，可以看到应用接收了多条广播消息，但只有第一条消息被处理，后面收到的广播消息都没有被处理，因此基本可以确认该 ANR 问题是由 SystemUI 收到广播消息后没有及时处理引发的。接下来进一步分析为什么 SystemUI 应用逻辑只处理第一条广播消息。根据稳定性测试日志以及个别用户的反馈我们得到一些线索，在故障时间点附近都操作过相机，根据这个线索，终于人工复现了一次，根据现场日志发现问题的根因是主线程消息队列阻塞，日志打印如图 1-33 所示，主线程的消息队列被 barrier 消息阻塞，所以后来的消息都得不到处理（barrier 消息又被称为同步栅栏消息，是有阻隔作用的，详细情况大家可自行了解），那么到底是谁把 barrier 消息 post 到主线程消息队列中的呢？为什么一直没有被删除掉，而且还一直在起着消息阻隔作用呢？

```
MAIN_HANDLERHandler (android.os.Handler) {e38ab86} @ 868101
MAIN_HANDLER Looper (main, tid 1) {d133a05}
MAIN_HANDLER    Message 0: { when=-5s342ms barrier=564 }
MAIN_HANDLER    Message 1: { when=-5s300ms
```

图 1-33　主线程消息队列阻塞日志

一般 barrier 消息主要是在 ViewRootImpl 里刷新 view 时使用，用后即删，正常情况下不会一直存在队列中，所以目标进一步锁定，问题应该是某次刷新时出现异常，导致 barrier 消息没有被释放。根据复现场景和代码逻辑以及日志分析，我们最终发现手电筒按钮内部逻辑有个注册动作，除了跟踪闪光灯状态之外，该动作还允许 CameraManager 回调以展示相关的 UI 动画，而这个回调线程并非主线程，因此当主线程和此回调线程同时刷新 UI 时，就会并发投递 barrier 消息。

一次调用来自线程 7847，从 CameraManager 回调过来的刷新，如图 1-34 所示。

另一次调用来自 SystemUI 主线程的 view 刷新，如图 1-35 所示。

由于系统对 barrier 控制变量 mTraversalScheduled 的操作是非线程安全的，导致创建了两个 barrier 消息，如图 1-36 所示，并且导致第二个 barrier 消息无法被移除，最终引起消息阻塞。

```
23:04:50.056548  7733  7847  W System.err:  java.lang.RuntimeException: postSyncBarrier
23:04:50.056893  7733  7847  W System.err:      at android.os.MessageQueue.postSyncBarrier(MessageQueue.java:480)
23:04:50.056944  7733  7847  W System.err:      at android.os.MessageQueue.postSyncBarrier(MessageQueue.java:473)
23:04:50.056965  7733  7847  W System.err:      at android.view.ViewRootImpl.scheduleTraversals(ViewRootImpl.java:1767)
23:04:50.056980  7733  7847  W System.err:      at android.view.ViewRootImpl.invalidate(ViewRootImpl.java:1506)
23:04:50.056996  7733  7847  W System.err:      at android.view.ViewRootImpl.onDescendantInvalidated(ViewRootImpl.java:1499)
23:04:50.057011  7733  7847  W System.err:      at android.view.ViewGroup.onDescendantInvalidated(ViewGroup.java:5961)
23:04:50.057086  7733  7847  W System.err:      at android.view.ViewGroup.onDescendantInvalidated(ViewGroup.java:5961)
23:04:50.057103  7733  7847  W System.err:      at android.view.ViewGroup.invalidateChild(ViewGroup.java:5979)
23:04:50.057118  7733  7847  W System.err:      at android.view.View.invalidateInternal(View.java:17678)
23:04:50.057132  7733  7847  W System.err:      at android.view.View.invalidate(View.java:17636)
23:04:50.057146  7733  7847  W System.err:      at android.view.View.invalidate(View.java:17618)
23:04:50.057161  7733  7847  W System.err:      at android.widget.ImageView.invalidateDrawable(ImageView.java:300)
23:04:50.057184  7733  7847  W System.err:      at android.graphics.drawable.Drawable.invalidateSelf(Drawable.java:477)
23:04:50.057201  7733  7847  W System.err:      at android.graphics.drawable.VectorDrawable.setTintList(VectorDrawable.java:485)
23:04:50.057216  7733  7847  W System.err:      at android.widget.ImageView.applyImageTint(ImageView.java:729)
23:04:50.057230  7733  7847  W System.err:      at android.widget.ImageView.setImageTintList(ImageView.java:649)
23:04:50.057248  7733  7847  W System.err:      at com.▒▒▒▒.▒▒▒▒.KeyguardFlashlightLayout.lambda$closeFlash$1$KeyguardFlashlightLayout(KeyguardFlashlightLayout.java:89)
23:04:50.057871  7733  7847  D           :  scheduleTraversals: mTraversalBarrier = 564,this = android.view.ViewRootImpl@bd3e75
```

图 1-34　CameraManager 回调刷新发送 barrier 消息堆栈

```
23:04:50.057589  7733  7733  W System.err:  java.lang.RuntimeException: postSyncBarrier
23:04:50.057756  7733  7733  W System.err:      at android.os.MessageQueue.postSyncBarrier(MessageQueue.java:480)
23:04:50.057775  7733  7733  W System.err:      at android.os.MessageQueue.postSyncBarrier(MessageQueue.java:473)
23:04:50.057789  7733  7733  W System.err:      at android.view.ViewRootImpl.scheduleTraversals(ViewRootImpl.java:1767)
23:04:50.057803  7733  7733  W System.err:      at android.view.ViewRootImpl.invalidate(ViewRootImpl.java:1506)
23:04:50.057817  7733  7733  W System.err:      at android.view.ViewRootImpl.onDescendantInvalidated(ViewRootImpl.java:1499)
23:04:50.057837  7733  7733  W System.err:      at android.view.ViewGroup.onDescendantInvalidated(ViewGroup.java:5961)
23:04:50.057852  7733  7733  W System.err:      at android.view.ViewGroup.onDescendantInvalidated(ViewGroup.java:5961)
23:04:50.057866  7733  7733  W System.err:      at android.view.View.damageInParent(View.java:17754)
23:04:50.058409  7733  7733  D weip     :  scheduleTraversals: mTraversalBarrier = 565,this = android.view.ViewRootImpl@bd3e75
```

图 1-35　SystemUI 刷新发送 barrier 消息堆栈

```
04-28 23:04:50.056522  7733  7733  D weip     :  doTraversal: mTraversalScheduled = true  mFisrt = false,mTraversalBarrier = 565,this = android.view.ViewRootImpl@bd3e75
04-28 23:04:50.059635  7733  7733  D weip     :  doTraversal: mTraversalScheduled = false  mFisrt = false,mTraversalBarrier = 565,this = android.view.ViewRootImpl@bd3e75
```

图 1-36　两个 barrier 消息日志

　　由此可见，有些调用可能是从很多层级调用过来的，部分对 view 的操作或者对动画的调用，可能不在主线程的控制范围内，事实上，即使绝大部分时间没有问题，也可能有安全隐患，所以在平时写代码时，涉及 UI 更新的操作一定要非常注意，确保在主线程里操作。

1.4　应用内存案例

　　内存泄漏以后也会导致系统卡死，尤其是系统级应用，不过内存泄漏分析的技术方法已经很成熟，Java 层内存泄漏一般通过 MAT 工具或者 Android Studio 来分析 Hprof 文件，大部分可以定位，相对难一点的是 Native 层的内存泄漏。

1.4.1 案例 1：联系人应用内存泄漏

内存泄漏一般都可以通过现场日志来找到信息，例如，联系人应用报出内存泄漏，从 Dumpsys 中看到 Activity 对象有 162 个，View 对象和 AppContext 对象也都非常多，如图 1-37 所示。

```
App Summary
                              Pss(KB)
                              ------
             Java Heap:        84036
           Native Heap:       103168
                  Code:        6860
                 Stack:         696
              Graphics:        54788
         Private Other:        2804
                System:        95136

                 TOTAL:       347488      TOTAL SWAP PSS:        86241

Objects
                 Views:        37214      ViewRootImpl:              3
           AppContexts:          166      Activities:              162
                Assets:            6      AssetManagers:            22
         Local Binders:         2076      Proxy Binders:            84
         Parcel memory:           23      Parcel count:            156
      Death Recipients:            3      OpenSSL Sockets:           0
              WebViews:            0
```

图 1-37 联系人截图

按照包名查看联系人应用的 Activity 对象，可以发现其中有 81 个是 PeopleActivityInner 贡献的，另外 81 个是 MultiPeopleActivity 贡献的，如图 1-38 所示。

这些 Activity 被 mReceivers 持有，可能是 Receiver 没有在 Activity 销毁前注册，或者不应该引用 Activity，转到 Receiver 相关变量看看应用注册的都是哪些 Receiver，最终发现基本上都是图 1-38 中的 LocalChangedReceiver，如图 1-39 所示，说明内存泄漏出现在这个广播接收器里面，找到这一步就可以让应用开发同事直接定位到要修改的代码，当然也可以进一步跟下去，调试版本可以跟踪到代码行。

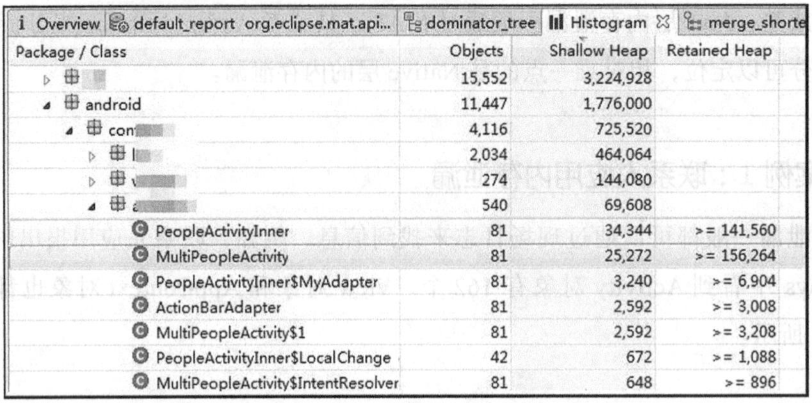

图 1-38 联系人内存泄漏对象查询

图 1-39 联系人内存泄漏根因

1.4.2 案例 2：SystemUI 进程 Binder 内存泄漏

Binder 内存泄漏也是一种很常见的内存泄漏，上层应用开发一般很难遇到，也很难被注意到。下面来看一个案例，使用 Monkey 测试应用稳定性时出现 SystemUI 进程崩溃，大概一台机器跑两三天能出现一次，概率很低，但 SystemUI 是一个非常重要的系统应用，它一旦出问题系统就紊乱了，报错打印如下：

```
01-04 14:00:14.548918 21049 21049 E AndroidRuntime: Process:
com.android.systemui, PID: 21049
01-04 14:00:14.548918 21049 21049 E AndroidRuntime: DeadSystemException：The
system died; earlier logs will point to the root cause
```

报错的地方是 SystemUI 在从框架获取应用的 icon 图标时抛出了异常，但多个日志报的不是同一个调用，说明并不是特定接口调用造成的问题。

```
01-04 14:00:14.552670  2082  2096 W Monkey  : // Caused by:
java.lang.RuntimeException: android.os.DeadSystemException
01-04 14:00:14.552670  2082  2096 W Monkey  : //      at
android.app.ApplicationPackageManager.getResourcesForApplicationAsUser(Applica
tionPackageManager.java:1571)
01-04 14:00:14.552670  2082  2096 W Monkey  : //      at
android.graphics.drawable.Icon.loadDrawableAsUser(Icon.java:425)
01-04 14:00:14.552670  2082  2096 W Monkey  : //      at
com.android.systemui.statusbar.StatusBarIconView.getIcon(StatusBarIconView.
java:412)
```

在内核日志中我们看到剩余空闲 Binder 内存只有 1512 KB，但本次 Binder 调用需要分配 1808 KB，所以分配失败，导致上层崩溃。

```
<3>[01-04 14:00:14.068]  (5)[2479:android.display]binder_alloc: 21049:
binder_alloc_buf size 1808 failed, no address space
<3>[01-04 14:00:14.068]  (5)[2479:android.display]binder_alloc: allocated:
1038872 (num: 42 largest: 66232), free: 1512 (num: 5 largest: 864)
```

可以确定崩溃问题的根因是因为 Binder 内存不足，那么为什么不足呢？是否发生了 Binder 内存泄漏？下面详细分析。在框架层 → IPC 层 → 驱动层分别添加 SystemUI 的 Binder 调用日志打印，抓取开机日志后，观察 SystemUI 进程相关 Binder 的调用情况。在内核日志中发现：在时间点 18:50:26:204 分配 66552 字节 Binder 缓存之后，SystemUI 进程中每次分配 Binder 内存时，打印出来的最大 Binder 缓存都是在这次通信中分配的 66552 字节，说明这 66552 字节的缓存一直没有释放，如图 1-40 所示。

不定时地重复检查 SystemUI 进程的 Binder 统计文件，同样发现有两块较大的 Binder 缓存一直没有释放，如图 1-41 所示，其中最大的就是分配了 66552（debugid=22693）字节的缓存，这进一步佐证了上面的结论：这块 Binder 缓存发生了泄漏一直没有被释放。

接下来需要明确这个最大的缓存是什么操作导致分配的，这个过程最为漫长，需要与应用模块相对熟悉的同事一起分析，结合 SystemUI 应用的代码和日志分析后，终于确定这个缓存是 SystemUI 进程调用 getInstalledPackagers() 接口后，system_server 进程应

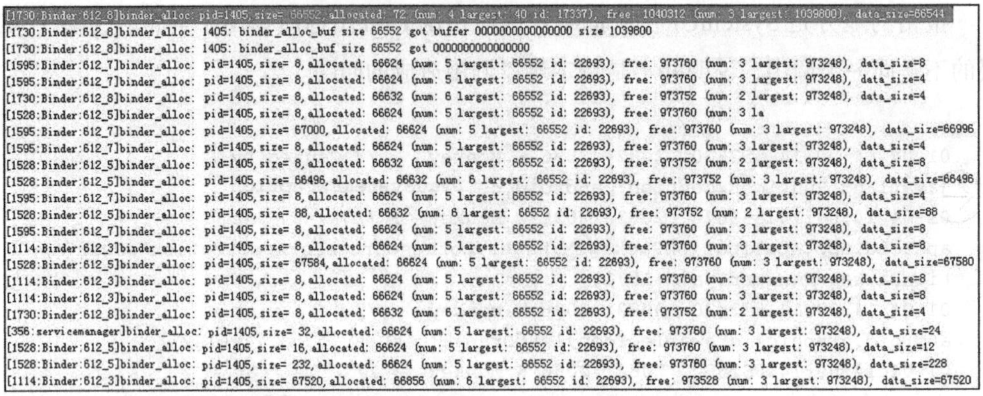

图 1-40 SystemUI 申请 Binder 缓存异常 1

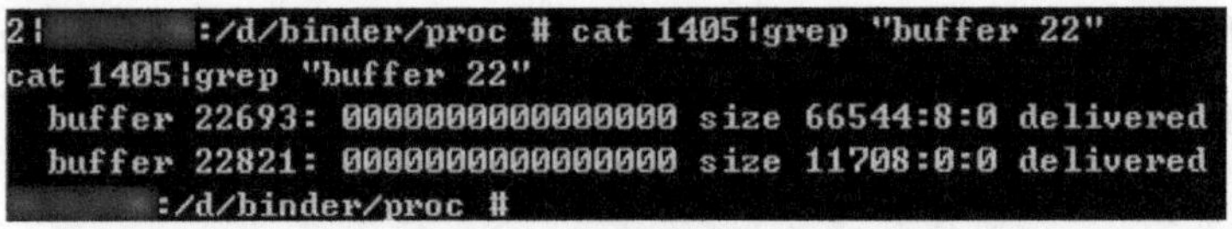

图 1-41 SystemUI 申请 Binder 的缓存异常 2

答 SystemUI 时在 SystemUI 进程中分配的。

根据后续添加的驱动缓存释放日志来看，IPCThreadState.freeBuffer() 并没有把 BC_FREE_BUFFER 下发给驱动，因此问题出在 IPC 层。接着做如下实验，在测试应用主线程中调用了 getInstalledPackages() 接口，可以看到 66544 字节被完美释放，因为主线程上在调用了 getInstalledPackages() 接口后还发生了其他 Binder 调用请求，但如果在测试应用中再新建一个线程去调用一次 getInstalledPackages() 接口，会发现通过线程调用分配的 66544 字节都没有释放，一直到销毁这些线程，各自的缓存才被释放。

实验证明 Binder 的 Native 层实现对于同步 Binder 调用 reply 占用的内核内存释放时机通常是在线程退出或者该线程下一次发起 Binder 调用时，因此，如果某个线程发起一个返回数据量较大的 Binder 调用后不退出且不进行其他的 Binder 调用，即使 Binder 调用已经结束，这块内存也一直不会被释放。

所以，如果应用层发起的返回数据量较大的 Binder 调用不是在主线程中，且该线程长时间不发起新的 Binder 调用，那么需要及时结束该线程以释放内存，当然一般情况下开发人员之所以在子线程调用上述类似 getInstalledPackages() 接口的这种耗时函数，目的是节约时间做异步加载，但仍需要注意处理完以后及时释放掉。

1.4.3　案例 3：system 内存告警问题

通过 dumpsys meminfo 命令查看相关 system 内存信息，发现实际上并没有达到规定的最高阈值，这可能是在抓取 dumpsys 时有 GC 导致的，总内存的大小只有 203 MB，如图 1-42 所示，分析内存告警主要查看 Java 堆、Native 堆、整个内存大小 TOTAL、ViewRootImpl、Activity，在这次的 dumpsys 文件中 system 仅占用 200M 左右内存，但是 ViewRootImpl 有 176 个，与正常系统相比偏高，所以这是分析此次内存告警的切入点。接下来通过 MAT 工具来分析内存泄漏的具体原因，首先在 Histogram 中搜索 ViewRootImpl 类，出现的 ViewRootImpl 为 176，也就是说存在 176 个对象，这些都是造成内存泄漏的可疑点。

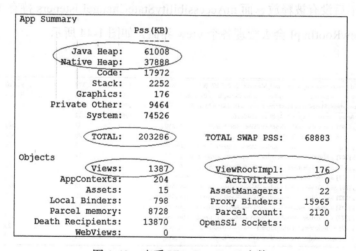

图 1-42　查看 ViewRootImpl 个数

在 android.view.ViewRootImpl 点击右键，选择汇总到 GC Roots 对象的最短路径集合（merge shortest paths to GC Roots），再选择包含所有引用（exclude all phantom/weak/soft etc.references），就可以查看到 GC Roots 未能回收的对象情况，如图 1-43 所示。

Class Name	Objects	Shallow He...	Retained H...
★ *ViewRootImpl*	Numeric	Numeric	Numeric
ⓒ android.view.ViewRootImpl	176	91,520	681,688
ⓒ android.view.ViewRootImpl$W	272	8,704	15,728
ⓒ android.view.ViewRootImpl$InvalidateOnAnimationRunnable	176	5,632	14,352
ⓒ android.view.ViewRootImpl$ViewRootHandler	176	5,632	6,152
ⓒ android.view.ViewRootImpl$ConsumeBatchedInputImmediatelyRunna...	176	2,816	3,064
ⓒ android.view.ViewRootImpl$AccessibilityInteractionConnectionManag...	176	2,816	3,080
ⓒ android.view.ViewRootImpl$1	176	2,816	3,080
ⓒ android.view.ViewRootImpl$HighContrastTextManager	176	2,816	3,064
ⓒ android.view.ViewRootImpl$ConsumeBatchedInputRunnable	176	2,816	3,064
ⓒ android.view.ViewRootImpl$TraversalRunnable	176	2,816	3,064
ⓒ android.view.ViewRootImpl$SyntheticJoystickHandler	0	0	536
ⓒ android.view.ViewRootImpl$ViewPostImeInputStage	0	0	304

图 1-43　GC Roots 未回收对象列表

通过查看 GC Roots 引用情况，发现它实际上是被 mAccessibilityStateChangeListeners 对象所引用的。从这个角度来看，可以初步判断原因是 mAccessibilityStateChangeListeners 在使用完毕后没有被释放，而 mAccessibilityStateChangeListeners 持有 ViewRootImpl 对象，这个 ViewRootImpl 会去管理各个 view 界面，如图 1-44 所示。

	176	176	91,520	544
ⓐ ⓐ class android.view.accessibility.AccessibilityManager @ 0x6fb7e808 Unknown,	176	176	91,520	544
ⓐ ⓛ sInstance android.view.accessibility.AccessibilityManager @ 0x12ced3c0	176	64	91,520	5,320
ⓐ ⓛ mAccessibilityStateChangeListeners android.util.ArrayMap @ 0x14fc2a	176	32	91,520	2,488
ⓐ ⓛ mArray java.lang.Object[404] @ 0x1554db20	176	1,632	91,520	1,632
ⓐ ⓛ [199] android.view.ViewRootImpl$ViewRootHandler @ 0x14fc350	1	32	520	32
ⓛ this$0 android.view.ViewRootImpl @ 0x15545d38	1	520	520	3,864
▷ ⓛ [281] android.view.ViewRootImpl$ViewRootHandler @ 0x14fc353	1	32	520	32
▷ ⓛ [207] android.view.ViewRootImpl$ViewRootHandler @ 0x14fc356	1	32	520	32
▷ ⓛ [237] android.view.ViewRootImpl$ViewRootHandler @ 0x14fc359	1	32	520	32
▷ ⓛ [225] android.view.ViewRootImpl$ViewRootHandler @ 0x14fc35c	1	32	520	32
ⓛ [89] android.view.ViewRootImpl$ViewRootHandler @ 0x14fc35f8	1	32	520	32
ⓛ [171] android.view.ViewRootImpl$ViewRootHandler @ 0x14fc362	1	32	520	32
▷ ⓛ [245] android.view.ViewRootImpl$ViewRootHandler @ 0x14fc365	1	32	520	32
ⓛ [177] android.view.ViewRootImpl$ViewRootHandler @ 0x14fc368	1	32	520	32
ⓛ [27] android.view.ViewRootImpl$ViewRootHandler @ 0x14fc36b8	1	32	520	32
▷ ⓛ [75] android.view.ViewRootImpl$ViewRootHandler @ 0x14fc36e8	1	32	520	32

图 1-44　GC Roots 引用情况

但是从这里只能看到引用 ViewRootImpl 对象，而不能看到 ViewRootImpl 引用其他对象的情况，继续右击，选择 List object 查看 ViewRootImpl 引用其他对象的情况，发现引用最多的就是 settings 模块。

从以上 MAT 的分析定位情况来看，内存泄漏的原因是 settings 模块在多次操作子菜单时导致一些 view 使用完没有释放。为什么会从 mView 这个对象入手去分析呢？因为在 ViewRootImpl 内存占用比较高时，定位的思路就是一些文本框以及界面的操作在使用完毕后没有释放导致内存泄漏并引发内存告警，所以查找一些与文本框和视图有关的信息来分析定位问题，实际上一些图片等资源的操作也会导致内存泄漏，但目前从 MAT 工具上还无法分析图片资源导致的内存泄漏问题。以下是 ViewRootImpl 对象引用列表示例，实际上最终能看到 settings 模块对应的 view，如图 1-45 所示。

通过以上分析，加上手动启动设置模块主界面，在正常的进入与退出情况下，并没有 ViewRootImpl 增多的情况，所以认为问题出现在某个子菜单场景中。尝试进入设置模块的子菜单界面，比如进入子菜单电池界面后，按 HOME 按键切换到后台，反复操作多次，发现 ViewRootImpl 增多，至此终于找到了这个问题的复现路径，在 ViewRootImpl 增加到 10 的时候抓取 hprof 文件进行分析。

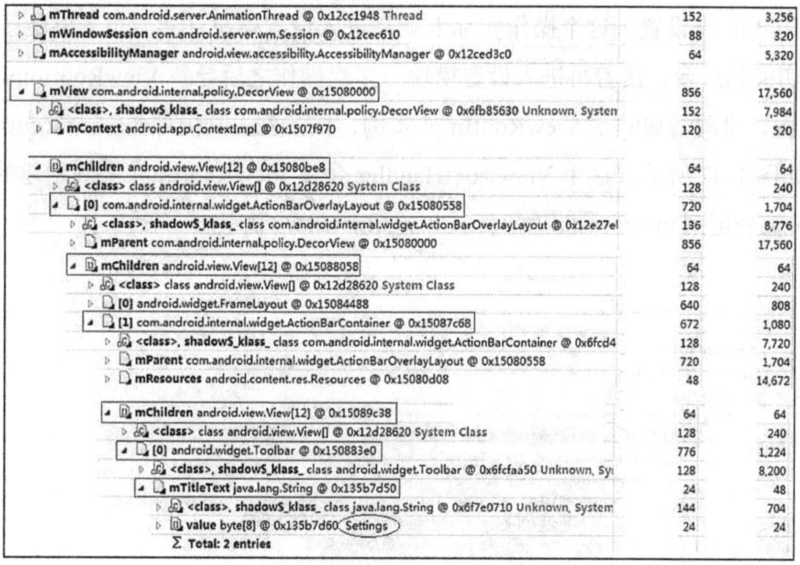

图 1-45 ViewRootImpl 对象引用列表

可以在 MAT 工具中采用下面命令，查看 TextView 中的文本，如图 1-46 所示。

```
SELECT toString(s), toString(s.mText.value) FROM android.widget.TextView s
```

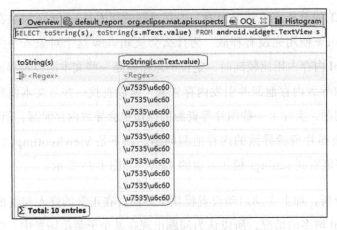

图 1-46 MAT 工具命令行查询界面

　　查看 TextView 文本对应的电池的界面，其中 10 条文本信息（\u7535\u6c60）都是电池，注意，\u7535\u6c60 是 unicode 编码，转化为中文就是电池。接下来从代码角度分析一下为什么在进行以上操作时出现 ViewRootImpl 增多的情况，操作如下：依次点击设置→电池→ HOME →设置。这个操作实际上就是进入设置模块，然后进入电池子菜单，按 HOME 键切换到后台，接着再进入设置模块，多次操作之后导致 ViewRootImpl 增多。从 MAT 工具看，泄漏增加的是 ViewRootImpl 实例，该实例由其内部类 ViewRootHandler 默认持有，如图 1-47 所示。这个 ViewRootHandler 会在 ViewRootImpl 实例创建的时候（构建函数中）被登记到 mAccessibilityStateChangeListeners 数组中。

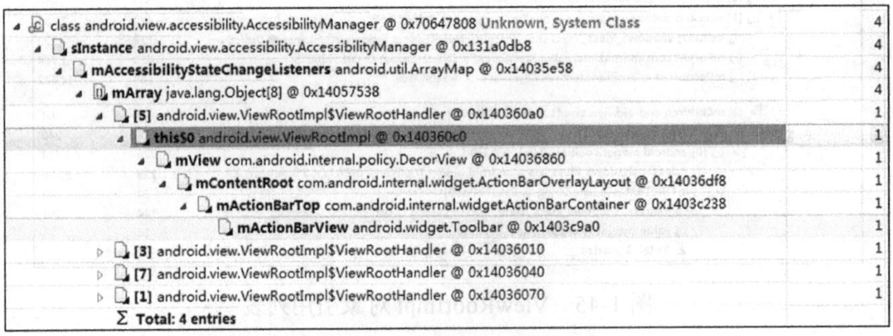

图 1-47 ViewRootImpl 实例持有情况

　　在代码中增加更多的日志后发现，按 HOME 键回到桌面，再次点击 settings 图标时，系统会先移除 AppAndNotificationDashboardActivity（子菜单）对应的 ViewRootImpl 对象（走到 doDie 方法），如图 1-48 所示。

```
void doDie() {
    checkThread();
    if (LOCAL_LOGV) Log.v(mTag, "DIE in " + this + " of " + mSurface);
    synchronized (this) {
        Log.d(mTag, "zhanghui in methed doDie to dispatchDetachedFromWindow mRemove
        if (mRemoved) {
            return;
        }
        mRemoved = true;
        if (mAdded) {
            dispatchDetachedFromWindow();
        }
    }
```

图 1-48　doDie 函数截图

```
Line 4964: 01-01 00:07:50.889 12123 12123 D
ViewRootImpl[Settings$AppAndNotificationDashboardActivity]: in methed Die to
immediate:true
Line 4965: 01-01 00:07:50.889 12123 12123 D
ViewRootImpl[Settings$AppAndNotificationDashboardActivity]: in methed doDie to
dispatchDetachedFromWindow mRemoved:false, mAdded:true, this:android.view.
ViewRootImpl@4f74acc
Line 4966: 01-01 00:07:50.889 12123 12123 D
ViewRootImpl[Settings$AppAndNotificationDashboardActivity]: here to remove
StateChangeListenerandroid.view.ViewRootImpl@4f74acc
```

可以看到这里 mAdded 变量为真，所以可以走到 detached 方法，该方法会移除前面注册的 ViewRootHandler，所以泄漏并不是子 Activity 造成的。

接着创建设置模块主界面的 ViewRootImpl 类的 viewrootImpl 对象。

在首次进入设置模块时，在 system_server 和设置模块分别创建 viewrootImpl 对象，在设置的 Activity 启动完成后 system_server 创建的 viewrootImpl 对象会被销毁，然后进入设置的子菜单电池界面，设置模块再创建一次 viewrootImpl 对象，此时按 Home 键进入后台，接着再一次进入设置模块，此时会销毁设置模块在进入子菜单电池界面时创建的 viewrootImpl 对象，还会在 system_server 中创建 viewrootImpl 对象以添加 view。如果 view 添加成功，则会在设置的 activity 启动完成后销毁 system_server 创建的 viewrootImpl 对象；如果 view 添加失败，则不会销毁 viewrootImpl 对象，导致 viewrootImpl 对象泄漏。viewrootImpl 对象销毁的流程是在 doDie 调用中实现的，其中有一个 mAdded 条件判断，如果 mAdded 为真才会释放相关 viewrootImpl 对象走销毁流程。实际上从 MAT 工具分析，

viewrootImpl 对象主要是由 mDisplayListener、mAccessibilityStateChangeListeners 持有，所以在添加 view 失败时直接调用对应的 listener 对象即可。

1.4.4 案例 4：应用句柄泄漏

在 Android 10（Q）版本之前，Android 默认每一个进程最多能够打开的文件数量为 1024，在 Android Q 及以后的版本里这个数值放大了很多，一旦应用打开的文件数量达到阈值，则会报 Too many open files 错误，这就是句柄泄漏。如果 system_server 进程出现了句柄泄漏，最终还会导致软重启，而对于应用的句柄泄漏则会导致应用崩溃。

通常在发生句柄泄漏时，在高通平台的日志中会出现类似下面的打印。例如，在 Logcat main 中会出现类似下面的打印：

```
java.lang.RuntimeException,Could not read input channel file description from
parcel...
java.lang.RuntimeException,Could not allocate dup blob fd...
```

即可判断发生了句柄泄漏问题。

```
Parcel: dup() failed in Parcel::read,i is 0,fds[s] is -1,fd count is 2,
error:Too many open files
```

不过对于笔者所在的技术团队，一般不会等到自研应用真的超标才会预警，测试团队往往会在打开的文件数量达到一定值之后就向研发同事预警，同时也会触发抓取现场日志操作，以便在真正达到上限软重启前抓取系统的各种状态以便定位问题。因此上面的错误一般很难遇到，只会在版本正常使用时碰到上面的错误，通常都对应的是软重启或应用崩溃。这里要提前预警，句柄泄漏问题的分析难度一般较大，本节通过一个简单的 Android 应用程序去测试文件句柄泄漏，使用的包名为 com.xxx.test，这个应用目前主要写的是两种简单的泄漏问题类型，一是文件操作流（fileInputStream、fileOnputStream）创建后没有关闭导致文件句柄泄漏；一是游标（Cursor）创建后没有关闭导致文件句柄泄漏。

这个测试应用的 UI 界面如图 1-49 所示，一个按钮专门测试游标的泄漏问题，单击后代码中会创建一个游标，但是使用完后不进行关闭的操作，这样会导致一个句柄（fd）

不能释放，造成句柄泄漏；另一个按钮专门测试文件流的泄漏问题，单击后代码中会创建一个 File 文件，并用 fileOnputStream 打开和写入数据，但是使用完后不进行关闭的操作，从而导致一个 fd 不能释放，造成句柄泄漏。

图 1-49　句柄泄漏测试应用程序

首先，这类问题出现后一定要有第一手的关键日志信息，这类日志信息中直观表示了句柄泄漏的进程中所有打开的文件的情况，是这类问题分析的入手点，非常重要。因此，一般需要协助一些测试脚本，当快到达句柄泄漏上限的时候，提前预警并抓取整个系统（adb shell lsof）和相关进程的句柄打开情况，命令如下：

```
adb shell ls -a -1 /proc/pid_进程号/fd
```

命令执行完毕后，会生成 fdinfo.txt 和 fdinfo- 进程号 .txt 这两个文件，其中 fdinfo.txt 是整个系统所有进程打开文件的统计信息，fdinfo- 进程号 .txt 是对应进程打开文件的信息，通过 Monkey 进行单包测试后，分别测试出这两个文件句柄泄漏问题，下面简单分析下。

问题 1：fileOnputStream 创建后未关闭引起的泄漏问题。

首先看 lsof 日志，发现 /data/data/com.xxx.test/cache/File_Testx 文件很多，一般会有成百上千个。这类文件实际都是在进程中执行 file 相关操作时产生的，接下来就需要重点走查 com.xxx.test 进程中相关的代码逻辑。找到进程中 file 相关操作的地方，代码截图如图 1-50 所示，发现了一处异常，fos 的文件流在创建之后，且最终没有释放，这是一个问题点。

接下来根据确认出来的可疑点进行复现，复现过程中不停查看地进程中句柄的个数，是不是每复现一次，句柄增加后，就不会再释放（即一直增加）。具体的查看方法是使用 :adb shell 命令进入 /proc/pidxxx/fd 路径，然后运行 ls -1 |wc -1 命令查看当前进程的句柄泄漏个数，如图 1-51 所示。

```
private static void testFileOutputStream(){
    Log.d(LOG_TAG, "testFileOutputStream" );
    int MaxIndex = 3;
    for (int index = 0; index < MaxIndex; index++){
        try {
            StringBuilder builder = new StringBuilder();
            builder.append("/data/data/com.zte.test/cache/File_Test"
            builder.append(Integer.toString(index));
            File file_test = new File(builder.toString());

            if(!file_test.exists()){
                file_test.createNewFile();
            );

            FileOutputStream fos = null;
            fos = new FileOutputStream(file_test);
            fos.write(1);
            //fos.close();

        } catch(FileNotFoundException e){
            Log.d(LOG_TAG, "FileNotFoundException: " + e);
        } catch(IOException e){
            Log.d(LOG_TAG, "IOException: " + e);
        } finally {
            Log.d(LOG_TAG, "finally MSG BUTTON1 CLICK: do nothing" )
        }
```

图 1-50　文件句柄泄漏代码片段

图 1-51　查看句柄泄漏个数

问题 2：游标创建后未关闭引起的泄漏。

还是先看 lsof 日志，发现 /dev/ashmem 文件很多，一般也会有成百上千个。这类现象在应用进程中多是由操作 cursor 数据库引起的。接下来走查相关的代码逻辑。找到进程中 file 相关操作的地方，代码截图如图 1-52 所示，发现如下异常，游标在进行查询操作之后并没有释放，这个可能就是其中怀疑点。

```
Cursor cursor = SqliteWrapper.query(mContext, resolver, Inbox.CONTENT_URI,
                 null, null, null, null);

if (cursor != null) {
    try {
        if (cursor.moveToFirst()) {
            Log.d(LOG_TAG, "cursor != null");
        }
    } finally {
        //cursor.close();
        Log.d(LOG_TAG, "don't close cursor");
    }
}
```

图 1-52　游标泄漏代码段

接下来再次通过查看 /proc/pidxxx/fd 下的句柄数来佐证上述怀疑点。小结一下，这类问题的入手点是泄漏的进程 lsof 日志，该日志记录着这个进程所有打开的文件，分析 lsof 日志，必要时与一个进程正常打开之后的日志进行对比，以确认是哪些文件明显偏多，再根据这类提示线索进行代码走查、推测以及复现问题的操作。当然，要看懂 lsof 日志，需要一些基本功，而这个诊断发掘问题的关键过程往往还需要使用自己的各种经验和知识积累去进行，逐步排查，直到最终定位问题，暂时没有什么捷径可走，但可以用工具化来提效。

应用级别的句柄泄漏从有效的 lsof 入手，逐步排查，从实验结果看还是相对比较好处理的。目前句柄泄漏问题的经典案例不多，暂时没有可以列举的十分经典的著名三方应用句柄泄漏的例子。测试应用非常简单，但实际项目中的句柄泄漏问题通常都比较隐蔽，尤其是 system_server 的句柄泄漏问题会更加隐蔽，因此应用开发者或者系统优化工程师们需要具备深厚的基础知识和丰富的实战经验。手机厂家一般都有一套完善的异常预警机制，能识别到应用过分异常的行为，然后果断采取查杀措施。

1.4.5　案例 5：adj 优先级不当引发后台应用无法被及时回收

adj 值可以简单理解为进程在系统中的优先级，它在进程管理中，尤其在内存控制方面，扮演着非常重要的角色。当内存不足时，根据进程 adj 值，对优先级较低的进程进行回收以释放内存是性能优化方面的一个重要课题。系统通常会结合当前应用使用和交互情况来实时动态调整其 adj 值，通常这种调整是有效并且符合用户使用习惯的，但不排除个别情况下调整机制受到其他因素的影响，将进程调整到不合适的 adj 级别，影响其正常的回收释放操作。本节介绍一个 adj 优先级不当，阻止 LMKD 回收相关进程的案例。

在本案例中，一些已经退到后台而且内存占用较大的应用无法被 LMKD 准确回收导致系统卡顿。按照正常逻辑，当内存紧张时 LMKD 会开始按 adj 值回收应用内存，但案例现场却发现一些占用内存较大的应用并没有被回收，例如某宝 /UCMobile，明明已退到后台，但却被分配到前台组中，也就是说按照 adj 值它被分到 Foreground/Visible 组中，优先级较高，导致 LMKD 无法清理它们以回收内存。接下来通过启动多个应用查看内存占用情况来进一步分析分类异常的原因。

启动某宝到前台，可以看到某宝相关进程分布在 Foreground 和 Visible 分组，其中主进程肯定是在 Foreground 组中，如图 1-53 所示。

图 1-53　某宝前台进程 adj 分组

正常情况下，按 Home 键，把某宝应用退到后台，可以看到某宝相关进程均已退出 Foreground/Visible 组，符合正常设计逻辑，如图 1-54 所示。

图 1-54　某宝后台进程 adj 分组

启动文件管理器，然后在文件管理器界面任意单击一下，再查看系统当前的 adj 分组情况，发现某宝后台进程又从 Perceptible 组回到了 Visible 组，如图 1-55 所示。

图 1-55　某宝进程 adj 异常

为什么会这样？启动文件管理器的过程中到底发生了什么以至于影响到某宝应用的
adj 分组？经过多次的反复启动试验和观察，有两点发现，第一点是启动文件管理器后，
如果不单击界面，某宝后台的 adj 不会发生变化；第二点是在 adj 变化中，有一个名为
com.xxx.intellitext 的进程比较可疑，它的 adj 也是在相应变化，点击文件管理器界面后
它也会进入 Foreground 分组。结合系统 adj 更新过程的日志分析，发现在调整 com.xxx.
intellitext 进程的 adj 时，总是有一个 intellitextProvider 出现，而某宝后台应用作为这个
Provider 的客户端，其 adj 分组受到了影响，查看 com.xxx.intellitext 进程的 Provider 的
连接状态，进一步证实了连接确实存在，如图 1-56 所示。

图 1-56　Provider 的连接情况

总结一下某宝后台 adj 被拉升的逻辑，启动文件管理器后单击界面引发绑定到
intellitextProvider 组件，然后组件关联性就开始起作用了，com.xxx.intellitext 进程被拉到了
Foreground 组，某宝由于之前绑定了该 Provider 组件，也被拉到了 Foreground/Visible 组。

原本不相关的应用因为都绑定到了 intellitextProvider 而被联系起来，所以组件使用完毕后及时释放是很有必要的，本例就是因为对所有的应用都统一增加了对该数据库组件的连接，并且在使用完后没有及时释放导致了异常。与需求同事核对后发现这个 intellitextProvider 数据库是图文识别相关的，因为某宝与一些系统新功能在开发时都用到了图文识别功能，因此产生关联。

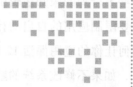

第 2 章 *Chapter 2*

系统优化策略与案例分析

当应用出现卡顿现象时，系统往往会采取一些管控措施，比如弹出应用不响应的对话框，让用户选择是继续等待还是结束应用。其实在国产手机定制的系统中，早就存在很多优化 动作，比如当应用悄悄在后台自启动时，系统会提前检测是否允许自启，运行时如果有大量消耗 CPU 的动作时，也可能会及时地清理掉应用。对整机而言，正是因为有了这些完善的管控策略，才得以确保手机的流畅运行。本章将为大家重点介绍应用自启动、低内存、系统资源调度三个方面的管控措施，并通过具体案例来佐证管控效果。

2.1 系统优化策略

系统层面能管控应用的手段相对比较集中，可以认为从应用出生到最终销毁，都可以全程管控，当然也包含与硬件相关的一些参数的调优。本节将重点介绍应用自启动管控策略、运行时内存管控策略等系统层优化策略。

2.1.1 自启动管控策略

对于应用而言，它当然希望能一直在系统中保活，拉新，弹出各种业务通知，抓取用户特征数据等，但对于手机本身而言，每个应用只要活着，就会占用系统的资源，随时可能由于一些不合理的未知逻辑引发系统性问题，比如卡死、续航崩塌等问题，这也是为什么系统要限制应用的自启动行为。笔者曾在高校做技术交流时给同学们出过一个面试题，即如何让你的应用保活 12 h。读者朋友们也可以思考下。现在的国产手机系统都做得相当好，如果不修改系统的默认配置，单靠应用自身的保活方式，是很难做到长时间保活的。

手机厂家和应用开发者在这个领域可以说一直在不断切磋技艺，网络上各种层出不穷的保护方法，都或多或少地给手机系统定制开发带来了不少的困扰，这里还包括很多著名的三方推送渠道，如早期出现的各种全家桶应用，只要一个应用被用户激活，其他所有集成三方推送的应用都会被拉起，系统负荷急剧增加，内存消耗也快速增大，用户体验越来越差，但在双方磨合的过程中，各种新的保活技术也在不断演进。

通常来讲，监听开机广播、网络变化情况，注册传感器等都是应用保活拉新的重要手段，因此系统层面的优化也都是围绕这些方向进行围追堵截，重点是四大组件，常规的自启动方式相对比较成熟，主要有以下四种，第一种是通过接收系统广播来启动（broadcast），常见的是开机广播、网络变化广播、灭屏锁屏广播的监听等；第二种是通过服务启动（service），比如采用 JobService 或者谷歌相关服务来拉活，技术相对高明一些，会给手机厂家带来一定工作量，不过都能防住，谷歌也在不断增强这个部分的管控；第三种是通过界面上的按钮去引导用户启动，这种类型一般都相对正常，用户手动单击或者误触居多，系统认为这是用户行为，不会过多干预。例如，2022 虎年春节期间，抖音在欢迎页面的广告进入方式从原来的单击启动修改成摇一摇启动，极其灵敏，从用户角度来看，打开抖音的过程中手抖一下就顺利地打开了某东，总是觉得有些奇怪，但从技术上讲，这个动作是合法的，毕竟是自己手抖了；第四种是向外提供数据（provider）来启动，系统处理这一类自启动操作会很粗暴，只允许系统应用通过这种方法自启动，其他应用则一律不允许，当然三方应用也可以想办法伪装成系统应用来达到自启动的目的。上面介绍的都是一些常规的自启动方式，2.2.1 节会重点介绍一些技术相对高明且隐蔽性极强的案例。

2.1.2　消息推送策略

在介绍应用关联启动策略优化前，先来思考一下为什么要对应用关联启动采取相应的管控措施呢？从应用角度来看，应用通过各种方式保活、拉活，以增加用户使用时长，带来经营性增长，当然无可厚非，但是把系统弄乱，把续航搞崩溃，对消费者而言就是灾难。为了活着，于是就产生了很多的拉活手段，而拉活的重要方式之一就是消息推送机制。无论是 iOS 系统还是 Android 系统，都有类似的机制，集成了推送 SDK 的应用可以通过云端推送消息的方式，将消息发送到客户端，以此来完成拉活任务，这是一个巨大的产业链。iOS 系统的推送机制全部掌握在苹果手中，iOS 消息管理机制、服务器推送机制都被苹果统一管理，也就是 APNs（Apple Push Notification service），不过鉴于这几年很多国家对数据安全出具了相关的法律法规，一般都要求推送服务器放在自己的国家。谷歌也给 Android 配备了推送机制，但在中国 Android 生态下并没有 iOS 那样的消息推送机制，目前我国国内的推送机制主要有以下几种：

第一种，应用自建推送渠道，比如腾讯、阿里、百度、网易等互联网大厂以及微信、支付宝等国民级应用都会搭建自己的推送服务器。

第二种，手机厂家自建推送渠道，华为、小米、魅族等都有自有生态的推送服务，应用厂家需要适配不同手机厂家的推送服务来保障各自应用的消息触达率。

第三种，三方推送服务，比如极光推送、个推等，其实三方推送是发展最早的，到今天已经不得不对接手机厂家的推送 SDK 来保障消息触达率了。

推送消息技术本身需要保持长连接，保持一定的心跳频率，这也给手机带来了很大的续航挑战，试想一下，一台手机上装了几十个应用，如果每个应用都活在后台，每个应用都有自己的心跳包，且系统侧不做任何管控，那么整个系统将陷入一个非常混乱的局面，得不到该有的休眠，不断被唤醒，发一点点数据，消耗流量也消耗电量，因此，系统层面都会采取一些措施来平衡续航和推送消息之间的矛盾。

2.1.3 关联启动管控策略

关联启动的定义是系统启动了应用 A，同时 A 通过直接或者间接的方式启动了应用 B 或者其他多个应用。比较著名的关联启动行为就是互联网全家桶应用，只要其中任何一个成员应用启动，就会把其他已安装的全家桶成员拉活起来，用户突然就能看到很多通知弹出来。推送服务拉活示意图如图 2-1 所示。

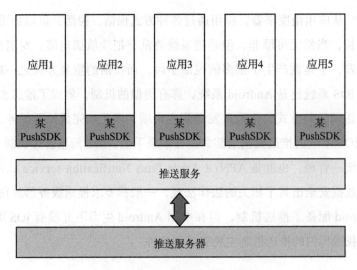

图 2-1 推送服务拉活示意图

好在近年来稍微大一些的手机厂家都有自己的管控策略。一般来讲比较常见的关联启动技术就是通过推送 SDK 来拉活，这个产业链在 Android 进入国内后不久就存在了，技术发展也比较成熟，但目前手机大厂都已经推出了自己的推送 SDK，应用如果想定期拉活，就必须集成手机厂家的 SDK，按厂家指定的规则来推送消息，所以很多三方开始融合手机厂家的推送接口。

对于手机厂家而言，自家的推送对于经营业绩是有帮助的，也便于管理系统里的各种通知，能够很好地控制手机续航。谷歌的 GCM 机制就是出于这个目的设计的，只不过国内无法使用，才出现国内各自开发一套的局面。当然国家有关部门联合各手机大厂也推出了统一推送联盟，但需要三方应用的重视才能起到作用。在适配推送这条道路上也有例外，比如对于微信这种国民级别的应用，手机厂家会考虑一下是不是要管控起来，不会冒然行动，同时微信本身有自己的推送消息逻辑。关于常规的关联启动技术，本节只做了一个简单分析，2.2.2 节将介绍一个经典的关联启动 bug 案例。

2.1.4 系统侧进程启动管控策略

在前面三个小节中，不论是进程自启动行为，关联相互拉起行为，还是更加"团伙"式的统一推送消息拉活行为（"关联"启动的特例），从系统层面看来，都是将某个应用的进程，在用户非预期的状态下，通过合法但不合理的途径，偷偷从后台启动，以满足第三方应用的"特殊"业务需求。

根据前面章节的介绍和初步分析，应用无论通过哪种途径拉活进程，主要还是通过 Android 四大基础组件及其延伸组件，如 JobService 等来实现的。所以，为了杜绝这种行为，系统需要在正常的启动流程中，有针对性地补充判断逻辑，识别出上述行为，并加以拦截。根据项目实战经验，想要准确识别到这些非正常启动场景至少需要获取以下信息：

1）目标进程是否已经启动：因为进程启动拦截的实质作用是控制进程"从无到有"这个变化过程，如果目标组件对应进程已经是"存活"状态，那对其拦截就无从谈起。只有当目标组件对应进程尚不存在需要创建的情况下，才需要拦截。

2）启动组件类型：不同组件的拦截策略肯定是不同的，将启动组件类型作为最基本信息可以区分适用何种组件策略做拦截决策；

3）调用者信息、被调用者信息：这两个信息是为了区分调用者和被调用者的身份，用于判断是何种拉起行为从而区分适用何种应用策略做拦截决策；

4）目标启动组件信息：包括具体的组件名（比如 ActivityName、ProviderName、BroadcastReceiverName 等、ActionName 等），用于细分拦截策略。

此外，用户在实际使用手机的过程中，对不同应用自动在后台拉活的容忍度和需求是不同的。比如微信、支付宝或者美团骑手版等有行业特色的 App，它们需要一直保活在后台，但是浏览器、电子书、某团用户版等 App，往往是在碎片化时间内使用，不需要一直保活。如何更智能地对后台应用进行管理，这是很多手机厂家甚至谷歌都很难解决的问题，谷歌原生系统对应用的控制是极度有耐心的，但在国内就容易翻车，通常做法是先收集、分类、整理出符合绝大多数用户使用习惯的策略集合，甚至结合云端更新策略，尽可能做到对应用的分类管理，但毕竟众口难调。于是也有大厂提出通过机器学习来解决，但也只是基本能满足用户的需求，这其实就是为什么几乎所有手机 ROM 都会有类似手机管家这样的系统管控类应用。无论如何管控，都是建立在尽量不影响用户正常功能体验的前提下，替用户建立起一道"防火墙"，拦截各种不必要的"打扰"，避免各种不必要的算力浪费，默默地运行在后台，成为系统中至关重要的保护层。

2.1.5 内存融合技术

内存融合技术是 2021 年各手机厂家都在提及的一项所谓"新"技术，其宣传图如
图 2-2 所示。对于消费者而言，他们总是
希望应用的启动速度更快一些，而实现这
个效果的前提是有足够多的运行内存，这
样才可以缓存更多的应用在后台。所以各
手机厂家都在想办法扩充运行内存，但不
同厂家的技术各有优劣，实现的效果也参
差不齐，bilibili 网站上有不少评测，感兴
趣的读者可以关注一下。

图 2-2　内存融合宣传图

本节重点来解剖下技术，内存融合的核心目的是在保证后台进程尽量不被杀的基础
上减少它们对运行内存的占用，从而增加保活数目，减少冷启动次数。这里应用到的技
术主要是内存压缩和内存交换，其中还涉及一个选择问题（需要用到算法），就是压缩哪
些进程，换出哪些进程。各个厂家的算法略有差异，但都遵循一个保护常用应用的原则，
算法相对简单，这里重点介绍内存压缩技术和内存交换（SWAP）技术。按照谷歌官方样
例数据，通过内存压缩技术，一个内存为 1.8 GB 的游戏在压缩后只有 700 MB。Android
本身是由 ZRAM Write Back 功能来负责这项业务，读者可以尝试打开相关的性能数据页
面来查看实际效果，从调试情况来看还是非常可观的。看到这里你是否有这样一种感受，
内存压缩技术其实不是什么新技术，只不过是新的包装。

那么具体什么是 SWAP 技术呢？SWAP 技术在 Window 系统下被称为虚拟内存，在
Linux 系统下称为 SWAP，原理是在硬盘上划分出一块区域当作运行内存用，被划分出来
的区域称为 SWAP 设备，除了硬盘上的分区以外，文件系统里面的文件、ZRAM 等其他
块设备都可以作为 SWAP 设备。从 SWAP 的定义就能看出，SWAP 技术包括换入（swap
in）和换出（swap out）两个过程。

一般来讲，内存管理会把进程占用的虚拟内存按页（page）划分，页的大小为 4 KB，

当系统运行内存不足的时候就会把进程的匿名页备份到 SWAP 设备上去，这个过程叫作换出，如图 2-3 所示。了解了换出过程，换入过程就很好理解了，当进程需要使用被换出的页时就会发生缺页中断（page fault），缺页中断后系统会把 SWAP 设备上的匿名页备份再换入运行内存里，如图 2-4 所示。

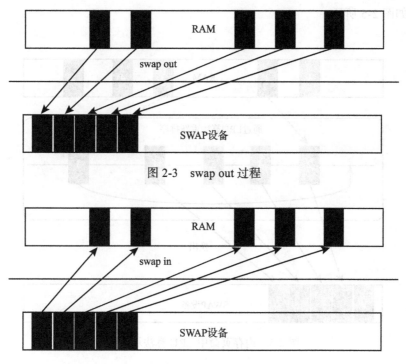

图 2-3　swap out 过程

图 2-4　swap in 过程

　　进程本身并不知道发生了缺页中断，也感知不到，但是用户是能感知到的，比如手机会黑屏一下，这在低端配置的终端上最为常见。因为换入和换出的时候对 I/O 是有要求的，I/O 速率越高，换入及换出过程就越无感知，效果就越好，不过，在 eMMC 或者 UFS 性能不够的时候比较容易出现 I/O 阻塞问题。这里又有另外一个问题，在具体运行时哪些页应该被换入 SWAP 设备中呢，这就涉及交换效率的问题，如果频繁换入换出经常用的页，反而得不偿失，因此这里就涉及一个关于页的冷热的概念。

　　页比较热（hot）表示该页经常容易被访问到，如果被换出，那就会经常触发缺页中断,经常被换入运行内存中。

页比较冷(cold)表示页被访问的概率小,可以优先被换出。

页的冷热一般用来表示页被访问到的概率问题,SWAP 优先选择冷的页,在 Linux 系统下使用 LRU 算法,所有的页都在某个 LRU 链表中,选择换出最久没被使用的页,交互过程如图 2-5 所示。

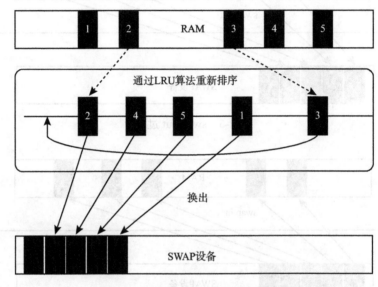

图 2-5 内存页命中 LRU 算法示意图

了解了上面的基本概念后,我们对 SWAP 技术的优缺点其实也就一目了然了。SWAP 技术的第一个优点是变相地增加了运行内存,如果 SWAP 设备的内存是 1 GB,就可以交换 1 GB 的数据,理论上相当于增加 1 GB 的运行内存。当然还有一个将运行内存中的数据压缩的过程,先压缩再换出,读出来的时候再解压;第二个优点是进程如果有可能经常用不到的数据,就可以换出去,从而腾出更多的运行内存来。

当然缺点也比较明显,SWAP 设备毕竟还是 eMMC 或者 UFS,读写速率和运行内存比差距很大,一旦发生缺页中断,应用要等数据恢复过来后才能被操作,如果 SWAP 设备的 I/O 速率不够快或者 CPU 性能不够好,反而还会造成卡顿。另外,SWAP 过程会增加对存储设备的读写次数，对 Flash 的寿命和碎片化是有一定影响的。这里扩展一下，一般 UFS 的寿命在两年左右，eMMC 会更加敏感一些，寿命也会更短一些，而且这种损伤是不可修复的，恢复出厂也没用。碎片化方面是可以优化的，如果操作系统本身对磁盘碎片化情况比较重视，可以定期下发指令到存储器，定时做碎片整理，但这样会增加存储器的读写次数，进一步缩短设备的寿命，因此这个过程一般不能太过于频繁，这也是为什么现在国内大型手机厂家开始逐渐投资存储芯片厂家或者要求做定制的原因。

对 SWAP 的概念有了基本认识后，再来看看可以通过哪些技术来实现 SWAP 技术，主要有以下四种技术。

1. 使用 ZRAM 作为 SWAP 设备

Android 手机的 SWAP 设备都是 ZRAM，但 ZRAM 是以运行内存为存储介质的，保存数据会消耗一定的运行内存，好处是数据会经过压缩再保存，比如 ZRAM 要保存 300 MB 的数据，这 300 MB 数据压缩后可能只有 100 MB，ZRAM 实际占用 100 MB，节省 200 MB，好处是用 CPU 来换运行内存，这个技术在低端机上比较常用，同时带来一定的功耗增加，因为数据压缩和解压都需要消耗 CPU 资源，另一个好处是速率比 eMMC 或 UFS 要快，毕竟所有操作都在运行内存里。

2. 使用 eMMC/UFS 作为 SWAP 设备

使用 eMMC/UFS 分区做 SWAP 可以弥补占用运行内存的缺陷，但缺点也很明显，速率慢，同时会造成存储器件的碎片化和寿命减短。

3. ZSWAP

这种方式相当于上面两种技术的优势互补，先在运行内存上开辟一个区域做 SWAP，成为 ZSWAP，在换出数据时先压缩然后再放在这个区域，以节省一些空间，满了以后再放到 eMMC 或者 UFS 上，这在一定程度上可以缓解碎片化，减少磁盘读写次数。

4. eMMC/UFS+ZRAM 双 SWAP

数据先换出到 eMMC 或者 UFS 虚拟出来的 SWAP，用完后再用 ZRAM，其实最终就是个选择题。

一些更加聪明的做法是在 Android 框架层做一些自学习算法以决定哪些数据优先被换出到 eMMC 或者 UFS 上，哪些数据被换出到 ZRAM 里。手机厂家通常都是在上述技术中做一些演进，以提高用户体验。

在移动互联网时代，消费者希望手机既要有非常不错的续航，又要能够保留足够多的后台应用，因此手机厂家都在运行内存利用率上做了非常多的努力，经过这几年的技术演进，到 2021 年年底，消费者基本不太能感受到常用的应用被强制清理了。

当然，无论 SWAP 衍生技术多么先进，都不可能比天然的大物理内存效果好，比如运行内存 6 GB + 虚拟内存 6 GB，在速率和效果上无法达到物理运行内存 12 GB 的效果，调优过程也是有不少技巧的，比如后台允许保活的数量、空进程加载等，都是一些历史技术，感兴趣的读者可以翻一翻几个头部手机厂家公开的内核源代码，它们的技术演进从未停歇。

2.1.6　低内存查杀

谷歌在 Android 系统中最开始是推出的一套低内存查杀（Low Memory Killer，LMK）机制，这套机制是基于 Linux 的 OOM（Out Of Memory，内存溢出）规则改进而来的，主要用途是当系统出现内存紧张的时候，通过进程的优先级来判定进程的重要程度，及时杀掉一些对用户来说不那么重要的进程，回收一些内存，从而保证手机的正常运行。

手机通常会同时运行多个应用，Android 系统可能会遇到系统内存紧张的情况，此时，如果有应用需要更多内存，系统就会出现明显卡顿的现象。这里涉及一个内存压力的概念，通过内存压力值可以充分地表达系统内存的实时状态，当内存压力值过大时，系统就要限制或终止一些应用来释放内存，直到这个内存压力值回归到正常水平。

Android 10 之前都是使用内核中的低内存终止守护程序（LMKD）驱动程序来监控系统内存压力，这个驱动程序是一种依赖于硬编码值的严格机制。从内核 4.12 版本开始，已将 LMK 驱动程序移除，改由用户空间 LMKD 来接管，它使用内核压力失速信息（Pressure Stall Information，PSI）来检测内存压力。PSI 可以测量由于内存不足导致任务延迟的时间，这些延迟会直接影响用户体验，因此它们可以作为内存压力严重性指标。可以通过 LMKD 调整不同内存压力级别下的 PSI，指定对应压力级别下的查杀动作。LMKD 的使能和调试有不少参数需要了解，本文不再赘述，需要结合实际运行内存进行调整。

很多工程师可能会碰到这种情况，低内存时杀了某个应用，但立马又会被系统拉起，启动后又被杀，如此循环反复，CPU 始终处于高占用状态，导致系统卡顿。如何控制这种情况？通常有三种比较容易实现的方法。

第一种方法是最容易想到的，即把刚杀掉的进程记录下来，先不允许它自启动，等内存富裕了再允许启动，这在实际操作中比较容易实现，难度在于如何判断何时是内存富余，暂时没有明确的标准，不过一般建议是剩余内存至少在 500 MB 以上，如果是低端机，则不能低于 200 MB，如果本身就是 512 MB 的总内存，能活着就不容易了。因此，可以开发一套基于低内存状态下的进程自启动控制方案，目的是在低内存情况下，如果进程被杀，不允许系统立即重启进程起来，而是做定时轮询直到内存不紧张或者请求超时之后再允许启动，避免反复杀反复启的恶性循环。

第二种方法相对高级一些，但技术难度略大一点，将 LMKD 和强制查杀（forcestop）机制集合，实现一套低内存下使 LMKD 联动上层 forcestop 机制，起到更严格的管控进程自启的效果。但是这种方案是有副作用的，forcestop 机制本身就决定了一旦被强制查杀，除非应用被用户手动打开，否则永远都无法启动，因此这种方法对于内存管控较为严格的厂家而言，比较有效，也比较适合中低端机器上的应用，不过最好配合上部分常用应用的白名单以免误伤。

第三种方法是将负责低内存查杀的模块从传统的 LMKD 切换到框架服务，核心思想是通过框架服务接管，可以更方便地结合进程运行时状态、用户实际使用习惯、弹性化的可配置查杀策略等信息。前两种方法本质上都是按进程状态结合 LRU 顺序做查杀，只有第三种方法才能在真正意义上做出更综合、更智能、更精准、用户体验更好的查杀决策，毕竟从内核角度往上看应用行为没有从框架角度管控应用方便，这也是目前部分大厂正在使用且不断完善的解决方法。

第三种方法的具体实施是需要非常深厚的操作系统技术功底的，毕竟在一定程度上这是要架空谷歌的 LMKD 机制,首先要打通框架服务与 LMKD 之间的通信,其次每个应用对每个用户而言重要性都有所不同,要做到差异化控制,最后是触发机制,要判断通过什么指标来控制哪些应用在什么场景下可以被清理,如果系统足够智能的话,还可以做到提前清理。目前能真正实现第三种方案的手机厂家在国内只有极少数,优势的确非常明显,既体现了架构的优越性,更高效的内存管理,也证明了厂家的技术底蕴。

2.2 系统侧卡顿优化案例

熟悉系统侧的一些管控策略的基本原理后,本节将结合具体的管控案例帮助大家进一步加深理解,包括如何控制流氓应用的疯狂自启动,以及各种应用之间层出不穷的相互关联启动等。

2.2.1 自启动控制案例

某个版本的鲁大师(Android 版)在被强制停止之后,会立刻通过 startInstrumentation 接口把自己拉活,且不通过调用 Context 中的接口,而是通过反射机制拿到 ServiceManager 对象,进而反射调用获取到 IActivityManager 的 stub 接口对象,然后使用 parcel 构造 Binder 参数后,通过 transition 直接调用 AMS 的 startInstrumentation 接口。因为鲁大师发起的这种调用并不是真的要做自动化测试,所以通过 parcel 对象传入的接口参数大多设置为 0 或 null,即无效值,纯粹是为了拉活。相关核心代码如下:

```
SelfStart Instrument BlockResult = true, pkgName = com.ludashi.benchmark,
className = okhttp3.internal.platform.inner.PowerInstrumentation
.........................................................................
/* access modifiers changed from: private */
    public void watchAndResume(int i) {
        String str = this.aLiveInfo.f18456a[i];
        StringBuilder sb = new StringBuilder();
        sb.append("_____start watch:");
        sb.append(str);
        b.a(sb.toString());
        NetUtil.watch(str);
        StringBuilder sb2 = new StringBuilder();
        sb2.append("_____end watch:");
```

```
            sb2.append(str);
            b.a(sb2.toString());
            startInstrumentation();
            startService();
            broadcastIntent();
        }
        public void prepareBinder() {
....................................................................
            this.startServiceTransaction =
getTransaction("TRANSACTION_startService", "START_SERVICE_TRANSACTION");
            this.broadcastTransaction =
getTransaction("TRANSACTION_broadcastIntent",
"BROADCAST_INTENT_TRANSACTION");
            int transaction = getTransaction("TRANSACTION_startInstrumentation",
"START_INSTRUMENTATION_TRANSACTION");
            this.startInstrumentationTransaction = transaction;
            Intent intent = this.aLiveInfo.f18458c;
            String str = "android.app.IActivityManager";
            try {
                Process.class.getDeclaredMethod("setArgV0", new
Class[]{cls}).invoke(null, new Object[]{this.aLiveInfo.f18457b});
            } catch (IllegalAccessException e6) {
        }
```

Instrumentation 框架本身是谷歌用来帮助系统做自动化测试的, 也给这类异常行为提供了一些被利用的空间。如何拦截? 考虑拦截手段同时要注意不能一刀切, 因为 Instrumentation 是自动化测试会使用的框架, 一旦拦截过于严格, 可能会导致测试团队常用的工具不能正常运作, 应用内部包含的正常的自动化单元测试模块的也可能会被波及, 因此还需要进一步搜集更精准的特征来防止这类自启动行为。自启动管理和关联启动管理的策略并非一劳永逸, 仍然需要不断更新版本来应对各种应用在 Android 系统中找到的各种各样的拉活方式。

管控策略本身也经常容易出问题, 常见的问题有两类: 一类是预期要拦截的进程被偷偷拉起, 即拦截失效; 一类是应该放行的进程没能成功拉起来, 即误拦截。下面按这两种情况分别详细说明。

1. 拦截失效

拦截失效问题主要表现在两个场景。

1）用户明明没有主动运行过目标应用，但是突然收到应用通知消息。

这种场景多表现为自启，原因往往是通过 PendingIntent 发广播或者通过 Provider 拉起，callerPkg 这个发起方往往也是 Android 或者其他系统应用。这种情况就要根据实际需要来判断，是否真的是由系统发起的必要的启动应用进程，如果不是的话，就要进一步找出这种启动场景的特征，比如进一步检查 callerUid，调整拦截策略。比如通过如 com.android.phone 或者 com.android.bluetooth 等系统应用的常规业务逻辑拉起的进程，它们通常是与系统功能相关的，系统侧一般不会随便拦截，三方应用也几乎不可能用得上。

2）在用户单击启动应用的时候，突然同时弹出若干个其他应用的通知消息。

这种场景原本是"统一推送"服务（诸如极光推送这类）为了确保用户能及时收到通知而设计，通过各应用间统一约定的接口相互拉起进程实现的，这种实现方式对用户并不友好，而且存在偷跑流量、占用内存、增加功耗等负面影响，但三方组件也可能随时更新，甚至不断更新包名或者其他特征来规避系统侧的拦截。

2. 误拦截

误拦截问题主要是指按照现行的拦截策略，因拦截某个重要应用的自启动或关联启动行为导致其功能受到影响。主要表现在如下两个方面：

1）影响 CTS 相关测试：任何拦截都不能影响 CTS 测试，这是底线。

2）定制应用的拦截失误：这类问题与厂家的收益有关，毕竟不是所有手机系统都可以做到洁身自好，做一个纯净的系统其实挺难，定制应用或者客户要求预置的应用也容易被忽略，导致被拦截机制给误伤，不过这在一般场测或者基本功能测试都能验证出来，技术上很好解决，就是负责相关工作的商务人员可能比较头疼。

2.2.2 关联启动控制案例

关联启动案例相对比较多，本节介绍两个案例，第一个是常规的全家桶拉活，第二个是技术相对高明但完全钻操作系统空子的案例。

1. 全家桶案例

比如某互联网大厂旗下的应用程序集合，它们都集成了大厂自研的推送 SDK，如果系统本身管控不严格，允许其中一个应用自启动，那么一旦这个应用启动就会立刻通过广播或者服务的方式把其他集成了该推送 SDK 的应用程序拉活。这种拉活的配置很简单，而且看起来完全是符合谷歌编程规范的，在应用的 manifest 文件里配置相同的 Action 就可以，而且三方的推送 SDK 现在为了增加推送触达率，都会主动适配手机厂家自有的推送渠道。

百度推送的参考配置文档如下。

```
<!-- Push服务接收客户端发送的各种请求--><receiver
android:name="com.baidu.android.pushservice.RegistrationReceiver"
    android:exported="false"
    android:process=":bdservice_v1" >
    <intent-filter>
        <action android:name="com.baidu.android.pushservice.action.METHOD" />
    </intent-filter></receiver>
<service android:name="com.baidu.android.pushservice.PushService"
    android:exported="false"
    android:process=":bdservice_v1" >
    <intent-filter >
        <action
android:name="com.baidu.android.pushservice.action.PUSH_SERVICE" />
    </intent-filter></service>
<!-- 4.4版本新增的CommandService声明，提升小米和魅族手机上的实际推送到达率 --><service
android:name="com.baidu.android.pushservice.CommandService"
    android:exported="false" />
<!-- 可选声明，提升push消息送达率 --><service
    android:name="com.baidu.android.pushservice.job.PushJobService"
    android:permission="android.permission.BIND_JOB_SERVICE"
    android:process=":bdservice_v1" />
<!-- push必需的组件声明 END -->
<!-- 华为代理推送必需组件 --><activity
android:name="com.baidu.android.pushservice.hwproxy.HwNotifyActivity"
    android:exported="true"
    android:launchMode="singleTask"
    android:theme="@android:style/Theme.NoDisplay">
        <intent-filter>
            <action android:name="android.intent.action.VIEW" />
            <category android:name="android.intent.category.DEFAULT" />
            <data
```

```
                    android:host="bdpush"
                    android:path="/hwnotify"
                    android:scheme="baidupush" />
        </intent-filter></activity>
```

按照指导文档配置以后，正常情况下就能达到推送拉活的目的，但对手机厂家而言，它们在优化系统的时候会专门针对推送 SDK 进行统一围堵，彻底堵死相互唤醒的行为。随着手机厂家自身的推送渠道的发展，只要应用按照厂家规则推送消息，触达率还是能得到保证的，毕竟还是有经营压力的。

2. 技术流关联启动案例

用 Android 手机的读者可以尝试在手机上同时安装 UC 浏览器和优酷视频，然后观察单击 UC 浏览器之后是否总是能弹出一个优酷视频的通知，这个案例不是复现的，但有一定规律。经过分析，这种拉活并不是通过传统关联启动的方式实现的。案例中有个细节，在启动 UC 浏览器的同时，优酷视频的通知同步弹出一下，虽然只是一闪而过，但是从设置中查看应用列表，会发现优酷应用已经被标记为刚刚启动过了（后来通过复现发现更多时候优酷并不会弹出通知，但是却已经启动过了）。

这个现象并不是每次都出现，二者似乎有一些控制逻辑，通过分析发现，UC 浏览器在启动之后，会立刻通过广播 com.youku.phone.intent.action.START 试图拉起优酷的服务，服务名称也很有意思，叫作 com.youku.phone/.StartYoukuService，但是因为此时系统认为是从后台起服务，是非法行为，就给拦下来了（这个机制是 Android Q 以后引入的）。接着 UC 浏览器会继续在前台发起更直接的 startActivity 动作启动优酷的 com.youku.phone/.ActivateYoukuActivity 界面。这是典型的关联启动，但是因为是应用 A 在前台启动应用 B 的 Activity，是最常见的用户操作跳转应用场景的行为，不论是 Android 系统还是 autolaunch 自启管控，都会认为这是合法行为而放行，于是优酷界面被成功拉起。日志分析结果如下。

```
I ActivityTaskManager: START u0 {act=android.intent.action.MAIN
cat=[androia.intent.category.LAUNCHER] flg=0x10200000
cmp=com.UCMobile/.main.UCMobile bnds=[408,1012][672,1324] from uid 10079 ,PID:
3426 ,
packageName:com.android.launcher3
```

```
//从launcher启动UC浏览器
I ActivityTaskManager: START u0 {cmp=com.UCMobile/com.uc.browser.InnerUCMobile}
from uid 10301, pid: 30008,
packageName:com.UCMobile
W ActivityManager: START u0 {cmp=com.UCMobile/com.uc.browser.InnerUCMobile}
from uid 10301, pid: 30008,
packageName:com.UCMobile Background start not allowed:service Intent
{ act=com.youku-phone-intent.action.START
cmp=com.youku-.phone/.StartYoukuService(has extras) to
com.yauku-phane/.strtYoukuService from pid=3003 uid=20301 pkg=com.UCMobile
starFg=?false
//UC浏览器试图拉起优酷后台服务被系统阻止
I ActivityTaskManager: startActivity 30039 Uid = 10301
I ActivityTaskManager: START u0 {cmp=android.intent.action.VIEW
dat=youkuvideo://activate/?from=com.UCMobile flg=0x1000000
cmp=com.youku.phone/.ActivateYoukuActivity}  from uid 10301, pid: 30039,
packageName:com.UCMobile
//UC浏览器成功拉起优酷Activity
```

在优酷进程成功被关联启动后，后面紧跟着就成功绕过 autolaunch 又自启了一个服务 com.youku.phone/com.alibaba.analytics.AnalyticsService（因为进程的 callerPkg 就是自己，这就相当于在启动该服务之前，应用已经存在，所以这次启动是合法行为）。日志分析结果如下。

```
W ActiveServicesAutoLaunchHook:test debug auto run ActiveServices
bringUpServiceLocked not in service restriction: not skip
service:,serviceClassName=com.alibaba.analytics.AnalyticsService,servicePkgNam
e=com.youku.phone,callerPkgName=com.youku.phone,action=null
W ActiveServicesAutoLaunchHook:test debug auto run wakeup ActiveServices
bringUpServiceLocked not skip checkapp r.appInfo=ApplicationInfo{49fd2e4
com.youku.phone},callerApp=ApplicationInfo(aa6734d
com.youku.phone),action=null
I ActivityManager: Start proc 31610:com.youku.phone:channel/u0a323 for service
(com.youku.phone/com.alibaba.analytics.AnalyticsService)
```

但是问题来了，从日志里明明看到优酷界面 ActivateYoukuActivity 被成功启动了，但是从手机屏幕上完全感知不到。这又是什么情况呢？通过分析日志发现，ActivateYoukuActivity 这个 Activity 在刚启动完成后就立刻把自己关掉了。这种可疑行为自然会让系统警觉是不是两个应用合伙启动了一个“假”界面干了“真”坏事儿？为此，系统尝试在关掉 Activity 的地方加了判断，把来自优酷应用的操作跳过，即让 ActivateYoukuActivity 无法销毁一直保持在前台，然后发现这是一个全屏的、没有任何窗口的、透明的 Activity，难怪启动后从 UI 上无法感知到。这样一个透明窗口启动到前台之后，虽然只有短短的一瞬间，但是它的任何行为都会被认为是合法的，透明 Activity、一像素 Activity 也是这几年比较多的保活案例。

对于这种披着合法外衣的"不法行为"，的确很难提取特征做预判，一般只能以黑名单形式做针对性拦截。因为本身在 ActivityStarter 里就有对 Activity 自启动的判断，把这种特殊场景增加进去发起拦截即可，问题修改后测试人员不论是用 adb 命令模拟还是实测，都不会复现 UC 浏览器偷偷拉起优酷应用的问题。实际上，在试用一段时间后，没有用户反馈有其他异常，说明这个 ActivateYoukuActivity 可能就是专职做"有意义"的事情，当然读者也可以再分析一下，看最新版本的 UC 浏览器和优酷视频是否还有关联。

2.2.3 线程调度优化案例

先来看一个大文件拷贝解压的案例，在测试对比中发现某旗舰机在拷贝文件速率方面明显比竞品慢，测试结论是 1 GB 文件的复制时间比竞品机慢 2778 ms，1 GB 文件的压缩时间比竞品机慢 1378 ms，1 GB 文件的解压时间比竞品机慢 2294 ms。这些数据可以通过某些性能跑分软件获得，它们专门用于测试大文件拷贝和解压性能。

通过分析 Systrace 发现，竞品机某个版本在复制文件时会优先用大核，如图 2-6 所示。

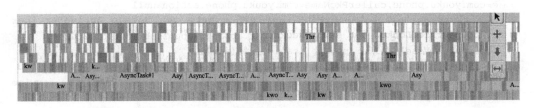

图 2-6 竞品机复制文件大核优先调度截图

而对比机在做大文件读写操作时，更倾向于用小核处理，如图 2-7 所示。

参考竞品机的 CPU 调度方式调整以后，该旗舰机基本达到与竞品机类似的效果。

性能方面：复制 1 GB 文件，会快 2 s 左右。

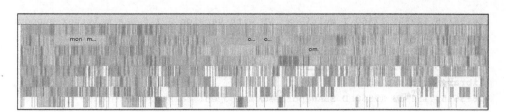

图 2-7 某旗舰机复制文件小核优先调度截图

功耗方面：读写文件期间，平均会达 200 mA 左右。

在不考虑功耗的情况下，如何完成这样的调度？如何让某些进程在想指定的进程上跑？这就需要用到谷歌在 Android 里提供的 EAS 框架和 cpuset 机制。芯片厂家一般会对调度机制做一些封装来控制调度的核以及频率设置之类的功能，前文 1.2.3 节和 1.2.4 节专门介绍了关于 CGroup 和 cpuset 的知识，读者可以再复习一下。

2.2.4 应用启动卡顿案例

这个案例是腾讯视频某个版本冷启动速度慢，从单击启动到第一帧画面完全显示出来，主观感受要 1 s 以上。先对日志进行分析。

```
//qqlive启动
16:56:54.846137 15254 16254 I ActivityTaskManager: START u0
{act=android.intent.action.MAIN cat=[android.intent.category.LAUNCHER]
flg=0x10200000 cmp=com.tencent.qqlive/.ona.activity.SplashHomeActivity
bnds=[144,558][408,878]} from uid 10191
16:56:54.913594 15254 15283 I ActivityManager: Start proc
17560:com.tencent.qqlive/u0a267 for pre-top-activity
{com.tencent.qqlive/com.tencent.qqlive.ona.activity.SplashHomeActivity}
//qqlive在开屏界面做后台dexopt，主线程一直在忙，导致activity创建和显示都滞后。
16:56:54.920527 15254 15280 D DexOptExtImpl: com.tencent.qqlive reason is bg-
dexopt
16:56:54.942431 15254 16253 I wm_set_resumed_activity:
[0,com.tencent.qqlive/.ona.activity.SplashHomeActivity,minimalResumeActivityLo
cked]
16:56:54.966692 17560 D ApplicationLoaders: Returning zygote-cached class
loader: /system/framework/android.test.base.jar
16:56:54.968309 17560 I .tencent.qqliv: The ClassLoaderContext is a special
shared library.
16:56:55.063785 17560 I load_dex_tag: QQLiveApplication init
16:56:55.126190 17560 I load_dex_tag: application attachBaseContext
```

```
16:56:55.129301 17560 I MultiDex: VM with version 2.1.0 has multidex support
16:56:55.132174 17560 I MultiDex: install
16:56:55.132174 17560 I MultiDex: install
16:56:55.132202 17560 I MultiDex: VM has multidex support, MultiDex support
library is disabled.
16:56:55.152910 17560 D SLAReporter: set open: false ,real: false
.........................................
16:56:56.047107 17560 I
ColorStateListPreloadIntercepter#SkinEngineSkinnableColorStateList: [inflate]:
colorRes =0,haveColor:true,color:-1,changeWay:1
```
//qqlive启动1.1 s后才开始创建activity
```
16:56:56.063762 17560 I wm_on_create_called:
[257802289,com.tencent.qqlive.ona.activity.SplashHomeActivity,performCreate]
16:56:56.318913 17560 I wm_on_start_called:
[257802289,com.tencent.qqlive.ona.activity.SplashHomeActivity,handleStartActiv
ity]
```
//qqlive启动后1.8 s后界面显示完成
```
16:56:56.714847 17560 I wm_on_resume_called:
[257802289,com.tencent.qqlive.ona.activity.SplashHomeActivity,RESUME_ACTIVITY]
```

再抓取一个冷启动过程的 Systrace 进行分析,从图 2-8 可以看出在绘制之前的很长时间内 qqlive 的主线程被阻塞,后面实际上的帧绘制并没有卡顿。

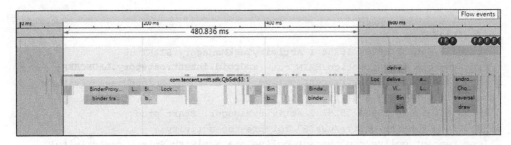

图 2-8 qqlive 冷启动主线程阻塞

下面详细分析 qqlive 主线程阻塞的原因。

第一段阻塞发生在 Binder 调用 IConnectivityManager.getActiveNetwork() 时,阻塞了 71 ms,也就是上图中第一个 BinderProxy,放大后结果如图 2-9 所示。system_server 进程的 XXXConnectivityService.getActiveNetwork() 被锁竞争阻塞,所以无法返回 qqlive。这个阻塞分为两段,第一段如图 2-10 所示,阻塞了 28 ms。

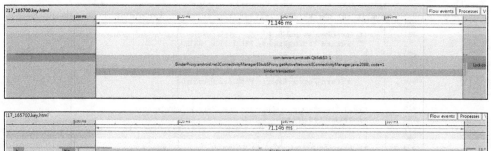

图 2-9　qqlive 的主线程锁竞争阻塞

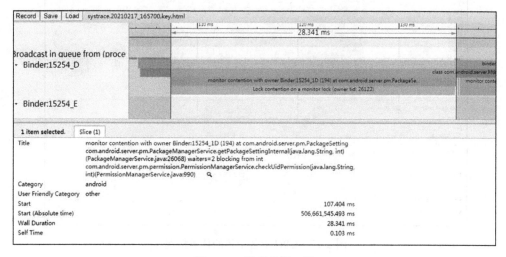

图 2-10　锁竞争第一段

XXXConnectivityService.getActiveNetwork() 在调用 PMS.checkUidPermission(...) 时阻塞，因为它要获取 PermissionManagerService.mLock 锁（共用的 PMS.mLock 锁），而 PMS.mLock 锁当前被 system_server 的 Binder:15254_1D(26122) 线程持有，如图 2-11 所示。

Binder:15254_1D(26122) 线程在干什么？大部分时间都是因得不到 CPU 调度而处于蓝色 runable 状态。从图 2-12 来看看此时的 CPU 上各个核的任务情况。

```java
@Override
public int checkUidPermission(String permName, int uid) {
    // Not using Objects.requireNonNull() here for compatibility reasons.
    if (permName == null) {
        return PackageManager.PERMISSION_DENIED;
    }
    final int userId = UserHandle.getUserId(uid);
    if (!mUserManagerInt.exists(userId)) {
        return PackageManager.PERMISSION_DENIED;
    }

    final CheckPermissionDelegate checkPermissionDelegate;
    synchronized (mLock) {
        checkPermissionDelegate = mCheckPermissionDelegate;
    }
    if (checkPermissionDelegate == null)  {
        return checkUidPermissionImpl(permName, uid);
```

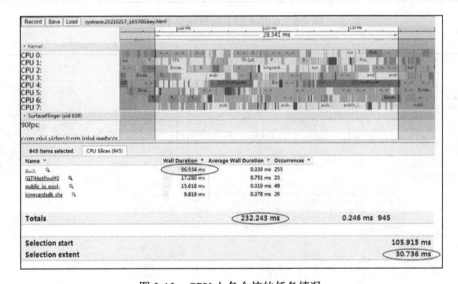

图 2-11　PMS.mLock 锁

图 2-12　CPU 上各个核的任务情况

选取时间段的 8 核总时间为 8 × 30.736=240.56（ms），8 核运行总时间为 232.243 ms，8 核 CPU 占用率为 96.5%，可见 CPU 占用率相当高。其中 86.534ms 都被 <...> 占用了(一般，没有线程名时则显示为 <...>)，所以无法确认是否有特定某些线程 CPU 占用率高。再来看第二段阻塞（29 ms）的原因，如图 2-13 所示。

第二段时间内的 CPU 使用情况如下。

选取时间段的 8 核总时间为 8 × 31.03=248（ms），8 核运行总时间为 237.283 ms，8 核 CPU 占用率为 95.6%，CPU 占用率也相当高。

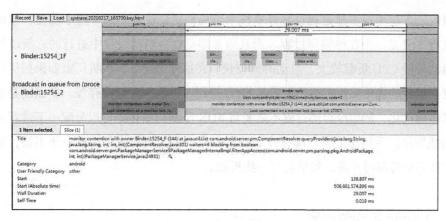

图 2-13 锁竞争第二段

XXXConnectivityService.getActiveNetwork() 在调用 PMS.PackageManagerInternalImpl.filter AppAccess(...) 时阻塞，这里还是由 PMS.mLock 锁引起的阻塞，代码如图 2-14 所示。因此可以基本断定，PMS 里的这把大锁在热修复过程中被 Binder 之间相互竞争锁死了。

图 2-14 Binder 之间互等 PMS.mLock 锁

国内三方应用很多都是通过热修复技术来局部更新或者完成一些小功能，但由于热修复过程本身是一个在线编译过程，而且通常都是在冷启动过程中进行的，所以容易导致冷启动阶段 CPU 负载较大，启动时间较长。在这种情况下，手机厂家如果想优化冷启动速度，能做的优化反而不多，主要是 CPU 提频、提前准备好内存等。所以还是倡导应用厂家多做优化，例如冷启动过程不需要将 SDK 全部初始化，可以分配一下进程或者线程的加载顺序。手机淘宝客户端在冷启动阶段有一些类似的优化，效果还不错，但由于很多组件都是跨部门开发，效果会打一些折扣。

2.2.5　VSync 不均匀案例

VSync 的概念在 1.1.6 节提到过一些，本节重点介绍。对于个人而言，我们看到的画面是一整张图片，但是对于显示屏幕而言，它是通过电子枪一行一行地扫描图片数据，然后显示出来，一行扫描完后 LCD 会发出一个水平同步信号，即 HSync；如果这一帧画面都已经绘制完毕，就要开始准备下一帧图像了，这个时候 LCD 会发出一个垂直同步信号，即 VSync。VSync 实际又分为软件 VSync 和硬件 VSync。硬件 VSync 很好理解，就是硬件发出的垂直同步信号，在 Systrace 中表现为 HW_VSync，如图 2-15 所示。软件 VSync 其实就是软件绘制流程发出的垂直同步信号，在 Systrace 中表现为 VSync_APP，如图 2-16 所示。有一些高刷卡顿案例的根因大多是软件 VSync 和硬件 VSync 不匹配。

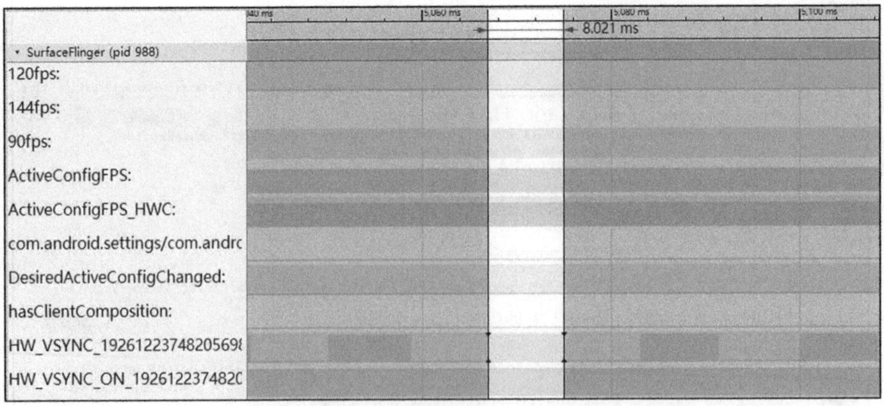

图 2-15　硬件 VSync 示意图

图 2-16　软件 VSync 示意图

2020 年以来支持高刷新率的手机越来越多，实际原理就是 VSync 信号产生的频率在不断缩短，让用户能在 1 s 内看到更多帧的图像，这样人眼就能捕捉到更多细节，主观感受到手机等终端的操作流畅性和画质的提升。对于经常分析性能问题或者驱动问题的读者来说，上面的标签并不陌生，从图 2-15 中可以看出测试机支持 60 Hz、90 Hz、120 Hz、144 Hz 切换。怎么理解呢？当屏幕刷新率调整为 120 Hz 时，VSync 信号的发出周期就变成 1 s/120≈8.3 ms，也就是说，软件层面要求 8.3 ms 刷新一帧数据，希望硬件也能做到 8.3 ms 显示一帧。

了解 VSync 机制后就能明白，假如 VSync 信号不均匀，对于 LCD 来讲，就是不均匀的显示图像，人眼就会感知到卡顿、慢动作等情况，不同手机上抓出来的 Systrace 中可能会出现相同的刷新率时，VSync 信号的间隔有一些差异，比如都是 60 Hz，一些机器上第一个 VSync 信号周期是 15 ms，第二个 VSync 信号周期是 17 ms，而实际上应该是每个 VSync 信号周期都是 16.6 ms 才对，本质上是因为那款机器的屏幕可能并不是真的支持某些较高的刷新率，而是通过算法来模拟出来的高刷。

接下来介绍两个案例。

1. 硬件 VSync 和软件 VSync 不一致引起的慢动作卡顿

硬件 VSync 可以通过 Systrace 中的 EVENT_THREAD 标签查看，当手机刷新率从 120 Hz 调整为 60 Hz 时，理论上 VSync 信号周期都应该是 16 ms，但卡顿现场的 Systrace 中是 8.153 ms ，也就是说 FPS 还是 120 Hz，但是软件 VSync 已经是 16.66 ms，FPS 是 60 Hz，这就说明刷新率切换的时候，LCD 的刷新率并没有改变，如图 2-17 所示，软硬件 VSync 不一致问题一般是由驱动层没有快速完成刷新率切换或者刷新率变化控制逻辑有 bug 导致的。

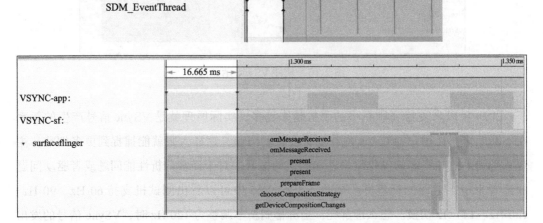

图 2-17　硬件 VSync 和软件 VSync 不一致

2. 硬件 VSync 精度不够引起的慢动作卡顿

从图 2-18 中的 Systrace 上可以看到，硬件 VSync 是 9.491 ms，FPS 是 105 Hz，这是非常异常的值，因为正常应该是 60 Hz、90 Hz、120 Hz 或者 144 Hz 才对，软件 VSync 信号是 11.258 ms，FPS 对应 90 Hz，此时，对于用户而言，他们看到的画面有种被黏住的感觉，更新慢不跟手。

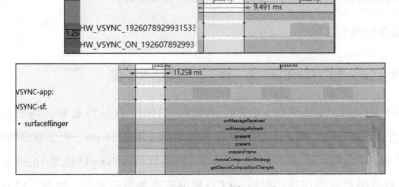

图 2-18　硬件 VSync 精度不准

2.2.6　CPU 调频优化案例

前面介绍过 CPU 各个核的调度策略，本节介绍如何分析因 CPU 频率不够或者被异常关闭导致的一些卡顿问题。CPU 频率不够这种情况在旗舰机上也很容易出现，一般都是由温控策略限制导致的，最典型的场景就是用类似安兔兔、鲁大师这样的跑分软件进行跑分测试。2021 年高通 888 平台其实给手机厂家的调优都带来了不少挑战。不同调度策略下跑分也会有较大差异。另一个场景是游戏的调优。先来看 2022 年 10 月各旗舰机的安兔兔跑分榜单，如图 2-19 所示。

手机名称	CPU ▼	GPU ▼	MEM ▼	UX ▼	总分 ▼
1　腾讯ROG游戏手机6 (S-8+ Gen 1 16/512)	263937	473912	193059	181789	1112697 分
2　ROG游戏手机6 天玑至尊版 (M-9000+ 16/512)	283523	421497	204011	201628	1110657 分
3　红魔7S Pro 屏下游戏手机 (S-8+ Gen 1 16/512)	267140	464105	190050	176738	1098032 分
4　iQOO 10 Pro (S-8+ Gen 1 12/512)	257110	463428	194589	176236	1091362 分
5　拯救者Y70 (S-8+ Gen 1 12/256)	254892	474398	176730	179585	1085605 分
6　iQOO 10 (S-8+ Gen 1 12/512)	254686	463089	193897	170852	1082524 分
7　一加Ace Pro (S-8+ Gen 1 16/256)	258113	469652	173775	179574	1081114 分
8　摩托罗拉Moto X30 Pro (S-8+ Gen 1 12/512)	242251	469453	182535	179814	1074052 分
9　小米12S Pro (S-8+ Gen 1 12/512)	250924	456162	184019	175382	1066486 分

2022年10月Android手机性能榜详解
(S:骁龙Snapdragon K:麒麟Kirin M:联发科MTK E:三星Exynos OC:超频OverClock)

图 2-19　Android 手机性能榜（安兔兔 -2022 年 1 月）

安兔兔升级到 2.8.0 版本以后，在第一个环节就开始烤机，通过几个大型的类游戏 3D 渲染场景来测试手机的游戏性能，同时测试了整机的散热能力，如果对热处理得不够好，很可能跑不完一轮测试就结束了。正常情况下，高通 898 平台能跑到 100 万左右，经过手机厂家的调优，旗舰机能跑到 105 万左右，从 2022 年 1 月安兔兔官网上 Android 手机跑分榜中就可以看出，同样的 CPU 平台，调优方式不同，跑分差异是可以相差好几万分。

如何调 CPU 频率，SoC 厂家都有相关的文档，但更关键在于如何在硬件本身的散热能力与跑分之间找到一个平衡点，关闭 CPU 温控、GPU 温控，然后扔到冰箱里跑分等实验室行为在面对真实用户时是完全不可取的，因此安兔兔本身也会在数据真实性方面做很多数据校验的工作，甚至对作弊行为作出一定处罚。

通常，在烤机环节，可以通过发挥 CPU 和 GPU 的性能优势，在温控允许范围下尽可能维持长一些时间，以更快的速率完成 3D 场景阶段的渲染并保证画面的流畅性。其他环节其实是考验在温度已经升到一定程度后，CPU 的算力是否下降，是一个耐力对比，浮点运算、图像编解码、滑动流畅性等都是 CPU 高负载型的用例，因此可以在 CPU 上进行优化。

再来看 2021 年上半年各个厂家在游戏方面的调优，图 2-20 和图 2-21 是使用不同机型玩同一版本王者荣耀时超大核和大核的频率曲线对比。

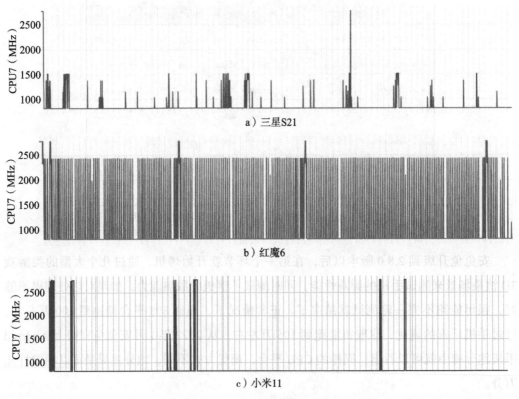

a）三星S21

b）红魔6

c）小米11

图 2-20　超大核频率曲线对比

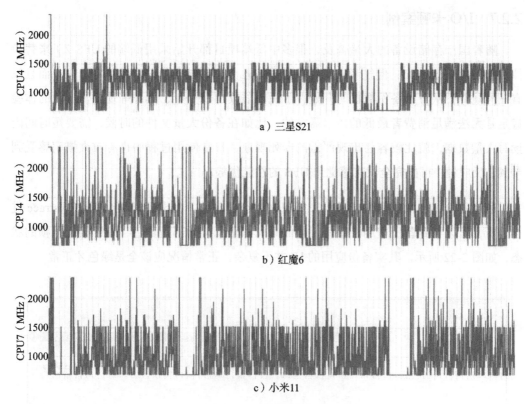

a）三星S21

b）红魔6

c）小米11

图 2-21　大核频率曲线对比

从超大核频率曲线和大核频率曲线的对比来看，游戏手机在 CPU 调度上是非常激进的，会更偏好使用超大核，大核频率也相对高，毕竟是游戏手机，物理散热能力相比其他旗舰机来讲要好一些。但实际还是需要根据具体算力来决定是否真的需要如此高的频率，小米 11 在刚发布时的性能调优相对激进，后半年的版本开始逐渐修改为保守型。而从三星的调度策略来看，大核和超大核都是比较保守的，而且三星似乎很早就采用了保守策略，保持刚刚够用的原则，把三星机器拆开后可以看到，散热材料少得可怜，物理散热能力确实难以支撑 888 平台猛踩油门带来的发热。

综上，其实不同场景对 CPU 的算力要求不尽相同，谷歌引入了 EAS 调度策略，高通等 SoC 厂家也给出了通用的调度方案，但都或多或少存在硬件芯片层面的限制，使用场景的精细化管理、系统资源毫秒级的调度、芯片本身的功耗优化，是未来系统资源调度的核心方向，这也是为什么自研芯片厂家做手机会有从上到下的绝对优势。

2.2.7　I/O 卡顿案例

随着国产存储设备的大量普及，很多中低端项目都开始采用低端的 UFS 2.1 来替换掉性能更差的 eMMC，但笔者在工作中发现好几个用 UFS 2.1 的手机非常卡顿，而且没有任何规律，从开始备份数据时开始，手机就陆续出现卡死、黑屏等现象，这样的体验肯定是无法满足消费者最低的体验需求的，比如在备份大量文件的时候，需要短时间内读写大量数据，就比较容易出现严重的卡死现象，日常使用过程中也有较大概率感受到卡顿，反应慢，可能完全没有感觉到 UFS 的性能优势。

通过备份旧手机数据到新手机来复现这类卡顿现象，在出现卡顿时抓取 Systrace 进行分析，可以看到备份应用几乎每一帧的时间都很长，全部是黄色，处于接近掉帧的状态，如图 2-22 所示。其实备份应用的 UI 并不复杂，正常情况应该全是绿色才正常。

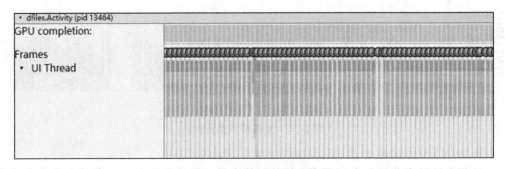

图 2-22　备份应用卡顿

进一步分析发现 SystemUI 应用也存在卡顿现象，同时可以看到有大量的"Uninterruptible Sleep - Block I/O"（线程状态为金黄色），如图 2-23 所示。

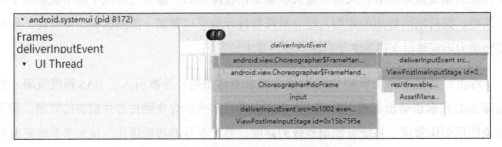

图 2-23　SystemUI 出现 I/O 阻塞问题

检查卡顿时的内存，大多时候都还算充足，内存换入换出进程（kswapd）的 CPU 占用率也不高，因此基本可以理解为单纯的 I/O 阻塞。这就很奇怪了，这也太不像 UFS 的表现了，针对上述金黄色的卡住时间，正常的 UFS 最多用几毫秒就可以完成，但这里却耗费了几百甚至上千毫秒，为什么会出现这个问题呢？负责性能分析的同事往往跟踪到这里就放弃了，此时需要找负责 UFS 驱动相关的同事接力分析，进一步佐证，是否在 I/O 操作的时候，驱动层面有 bug 导致延时操作。复现时，需要将每一次 I/O 操作在各个阶段的耗时都打印出来，查找有问题的环节。比如，将某次 I/O 动作从被下发给 UFS 驱动，到从 UFS 驱动中返回结果所需的时间计算出来，然后将耗时超过 50 ms 的过程打印出来，发现数据量非常惊人。随机抓取一次卡顿操作来看，统计出来的 UFS 耗时情况中存在大量超过 50 ms 的过程，甚至存在不少达到秒级别的耗时，比如从解析出来的结果中发现超过 50 ms 的过程有 391 次，超过 1 s 的有 100 次以上，如图 2-24 所示，这进一步做实结论，卡顿是由 UFS 导致的。

```
time     start           end             op      target
0.6767   74991.064410    74991.741078    W       HwBinder:532_1-619
0.6673   74991.132447    74991.799743    W              <idle>-0
0.6060   74991.253014    74991.859061    W       kworker/u16:8-18719
0.5426   74991.376850    74991.919445    W              <idle>-0
0.5930   74991.386757    74991.979800    WS      android.bg-1071
0.6540   74991.386827    74992.040858    W       android.bg-1071
0.2144   74991.405012    74991.619431    RA      Thread-1217-27418
0.8771   74991.524214    74992.401313    W       HeapTaskDaemon-1804
0.9679   74991.619059    74992.586937    W       ged-swd-13534
0.8426   74991.619391    74992.461949    R       launcher-loader-2157
1.0286   74991.619444    74992.648017    W       launcher-loader-2157
0.8418   74991.620431    74992.462261    RA      Thread-1213-27432
1.0882   74991.620512    74992.708691    W       Thread-1213-27432
0.8424   74991.621088    74992.463513    RA      HeapTaskDaemon-1804
1.1476   74991.621174    74992.768763    W       HeapTaskDaemon-1804
0.8710   74991.624705    74992.495663    RA      Thread-1218-27438
0.8711   74991.624764    74992.495826    RA      Thread-1203-27433
1.3838   74991.624790    74993.008559    W       Thread-1218-27438
0.8646   74991.631469    74992.496113    RA      Thread-1215-27427
0.8647   74991.631560    74992.496258    RA      Thread-1216-27431
1.3893   74991.679198    74993.068513    W       surfaceflinger-590
1.3892   74991.741170    74993.130358    W              <idle>-0
1.3316   74991.859155    74993.190780    W              <idle>-0
1.2705   74991.979970    74993.250519    W       HwBinder:532_1-619
1.3295   74991.980466    74993.310006    WS      android.bg-1071
1.3908   74991.980516    74993.371321    W       android.bg-1071
1.4511   74991.980662    74993.431747    WS      android.bg-1071
1.5121   74991.980690    74993.492778    W       android.bg-1071
```

图 2-24　I/O 操作超过 50 ms 的记录

清楚了问题原因之后，负责 UFS 驱动的同事通过和 UFS 厂家沟通，最终厂家提供补丁修复了上述问题。

第二部分　稳定性优化

电商的崛起让消费者买手机成为一个开盲盒的过程，也许开箱就遇到硬件故障，也许一打开就爱不释手，一机用三年。品牌在这个过程中代表信任，也代表产品质量，质量好的标志之一就是手机的稳定性足够好。相信没有人不喜欢生活在一个稳定的环境中，用机需求也是一样的。手机稳定性是指软硬件都能稳定地运行，运行过程中不会出现死机、反复重启甚至硬件不可用的情况，当然更不能出现危及生命的严重问题。通信设备的稳定性还体现在打电话时的通话质量上，应该语音连续、不中断；玩游戏时帧率非常稳定，网络不断流；逛购物应用时不出现闪退等。总之，如果一个手机在用户使用好几年后都没有让用户感到有问题，那就说明这个手机是真的很稳定，业内很多代表品牌都做到了这一点，比如苹果手机、华为某些高端系列等。

系统稳定性好，说明系统具备应对各种异常情况的能力。对于手机系统的稳定性而言，具体表现为：应用能够正确运行且很少出现无响应的问题；系统本身足够健壮，不能出现死机变砖，或者经常黑屏卡死等问题；系统要能够应对应用运行时带来的各种负担，不会导致不可用。当然，保障系统的稳定运行也是非常耗费人力的，手机厂家往往需要投入非常多的系统工程师去对系统进行优化。

整体来讲，系统稳定性的问题一般分成两大类：一类是软件层面的问题，包括软件系统本身的问题和三方应用兼容性问题，以及因为兼容性问题引发的系统问题；另一类是硬件层面的问题，不过硬件本身出问题的可能性相对较小。一般来说，如果硬件出问题，要么是一开始硬件就有问题，要么是在使用过程中出现磕碰摔等物理伤害导致硬件不可用。当然硬件本身也会存在运行时不稳定的情况，比如数据跑着跑着就从 0 变成了 1，这种奇妙的变化很可能就是稳定性的元凶之一，本部分会做详细的案例介绍。

第 3 章 *Chapter 3*

死机重启问题优化策略与案例分析

通常操作系统的稳定性是指系统能够在不宕机的情况下连续运行多长时间，对于 Android 操作系统而言，划分会更加详细，是指终端操作系统的稳定性，重点包括系统应用的 ANR、异常重启、卡死冻屏（注意不是低于 10 s 的卡顿）、整机死机等方面。下面将重点介绍一些因各种原因出现的稳定性问题，大部分是由软件代码引入的，还有一些由器件选型不当或者物料兼容性引起的。

3.1 死机重启问题相关概念

本节介绍一些分析死机重启问题的通用方法，不同的 SoC，分析方法还是有不小的差异的，下面先介绍一些分析死机问题可能会用到的基本命令、问题现场抓取方式、要获取的现场文件等。

3.1.1 死机重启问题的定义

当手机长时间无法被用户控制或操作时，称为死机（phone hang）或者宕机变砖。需要注意的是，一定要强调长时间无响应，如果是短时间（小于 5 min）无响应，可以归结为性能问题。

死机现象发生以后，手机通常表现为用户操作手机无任何响应，如：触摸屏幕、按键操作后手机画面无任何反应；手机屏幕黑屏，按下电源键时无法点亮屏幕；长时间冻屏卡在某个界面等。

当手机在使用中或者静置状态下，出现非用户触发的手机重新开机启动的问题时，通常称为异常重启。

异常重启又分为整机重启、软重启两类，其中整机重启是指整机先掉电然后再启动的过程，在这种情况下，用户会看到完整的开机动画，重启时间较长。出现这种情况多是系统故意将死机问题转为整机重启问题，确保手机至少能用起来。导致整机重启的原因有很多，大多是由死机问题转换而来或者由硬件问题导致的，比如电池高温、某些器件工作时出现异常大电流等。这类问题偏硬件，本书不做细节展开。软重启（也叫虚拟机重启或者框架层重启），通常会伴随开机动画的播放，重启时间较短，一般是 system_server 进程异常导致虚拟机重启（部分情况是其他进程异常导致 system_server 进程被强制杀掉以便恢复系统正常运行），但是内核层是正常的，是不是有点像微软的 Windows 桌面卡住的时候手动杀掉 Windows 资源管理器来恢复正常操作一样？

3.1.2　死机问题跟踪与定位

死机问题大致分为系统卡死冻屏问题和整机死机问题两大类。

1. 系统卡死冻屏问题

引起这类死机问题的原因比较多，先来了解下操作手机时到底哪些硬件和软件参与了这个人机交互过程。当用户对手机进行操作时，对应的数据流如图 3-1 所示，包括外设、内核驱动与交互系统三层。

在外设层，传感器、触摸屏（TP）、物理按键（KP）等设备在感知到用户操作后，会触发相关的中断请求（ISR）并传递给内核，内核相关的驱动对 ISR 进行处理后，转化成标准的输入事件（InputEvent）。交互系统里系统服务中的输入系统则持续监听内核传递过来的原始输入事件，对其进行进一步的处理后，变成上层 App 可直接处理的输入事件，如单击、长按、滑动等。App 对相关的事件进行处理后，请求更新相关的逻辑界面，这由系统服务中的 WMS 等来负责。相关的逻辑界面（Z-Window）更新后，会请求 SurfaceFlinger 产生框架缓存数据，SurfaceFlinger 则会利用 GPU 等来计算并生成相应图像数据，再由显示系统（Display System/Driver）负责将 SurfaceFlinger 合成的图像数据更新并显示到屏幕上，整个过程结束，用户才会感知到手机对其操作有了反馈。

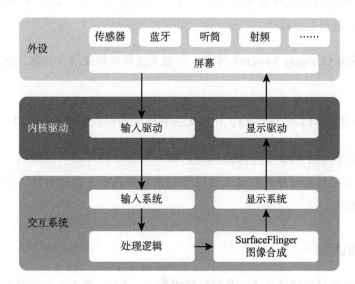

图 3-1 人机交互数据流图

从三个层面的数据交互过程可以看到，流程中的任何一步出现问题，都可能引发死机问题。这类问题大致可以分成硬件和软件两个层面。

软件层面的原因可以分成两种：第一种是逻辑行为异常，包括逻辑判断错误与逻辑设计错误；第二种是逻辑卡死（也叫阻塞住了），如代码逻辑中出现的死循环（Deadloop）或者死锁（Deadlock）。

图 3-1 中提到的每个子系统都可能是产生死机的原因，这些原因可以汇总为如下 6个维度。

1）输入驱动（Input Driver）。比如无法接收硬件产生的中断，产生原始的 InputEvent，或者产生的 InputEvent 有异常。

2）输入系统（Input System）。比如无法监听 Kernel 传递过来的原始 InputEvent，或

者出现转换与传递异常。

3）系统处理逻辑（System Logic），这里主要是指 Android 框架层的业务逻辑部分。比如无法正常响应输入系统传递过来的 InputEvent，或者响应出错。

4）WMS/SurfaceFlinger 框架中窗口异常或图形合成异常。比如 WMS/SF 无法正确地对 Z-Window 进行叠加转换。

5）显示系统（Display System）异常。比如无法更新框架缓存数据，或者填充的数据错误。

6）液晶驱动器（LCM Driver）。比如无法将框架缓存数据显示在 LCM 上。

硬件层面的死机不属于本节重点内容，在后文会适当介绍一些案例，一般比较常见的情况有硬件上电异常导致死机、硬件时序异常导致死机、存储器异常导致死机、驱动不兼容导致死机等。

2. 整机死机问题

整机死机通常只在调试版本（业内一般叫作 userdebug 版本）上表现出来，在商用版本（业内一般叫作 user 版本）上会表现为重启，以保障用户能正常使用手机，这里就涉及死机转重启的问题。

对于普通用户来说，死机的危害性和重要性远大于重启。死机意味着机器在很长一段时间内不能正常运行，也就是说，不能使用，危害性仅次于不能开机。很多时候用户其实感知不到重启，除非当时正在操作手机，而且重启通常很快就可以恢复，所以在正式发布的版本中，要尽可能地把死机转换成重启，换言之，不能让手机变砖。

这里介绍一下判断整机死机出现过的方法（以高通平台的日志为例）：在 events 日志中搜索 boot_progress_start，查看后面的时间（单位为 ms）：

```
05-15 20:21:31.807   845   845 I boot_progress_start: 13408
```

如果启动时间（除以 1000）比较小，通常在 20 s 以内，并且 boot_progress_start 的

记录只有 1 条，基本上可以判断是整机重启。此外，还可以通过在 adb shell 中执行 ps -A | grep system_server 命令查看 system_server 的 PID 来辅助判断，如果 PID 值较小，则进一步证明是整机重启。可以通过内核日志进一步查看死机原因，当然，也有部分情况很难定位到根因，此时就需要使用 userdebug 版本复现抓取死机 dump 日志后通过专门的工具进一步分析。

3.1.3　重启问题跟踪与定位

如 3.1.1 节所述，异常重启中的整机重启多是死机问题转换而来或者是硬件问题，因此本节重点介绍软重启问题的跟踪与定位方法。

判断软重启的方法与判断整机重启的方法相反，通常会用到两种方法。

方法 1：在 Logcat events 日志中搜索 boot_progress_start，查看后面的时间（单位为 ms）：

```
01-06 06:45:24.873 11710 11710 I boot_progress_start: 309786034
```

如果后面对应的启动时间（除以 1000）超过了 20 s，那么基本可以判定为软重启。通常在有多次软重启时会有多个 boot_progress_start，以最后一个为准，尤其在 monkey 稳定性测试的时候，往往会出现多次反复重启，通常只需要分析最后一个，之前的肯定会包含在其他重启统计中。

方法 2：通过在 adb shell 中执行 ps -A | grep system_server 命令查看 system_server 的 PID，通常 PID 值比较大，可以尝试手动软重启，查看刚启动的 system_server 的 PID，如果重启后的 PID 值比这个值大很多，那就确认是软重启了。

软重启可以大概分为 Java 层软重启、Native 层软重启、Watchdog 软重启三大类，下面逐一介绍。

1. Java 层软重启

Java 层软重启主要是由各种 Java 应用出现异常所导致的，这些异常由于没有被系统捕获，最终导致 system server 进程崩溃。可以从 events 日志中按照软重启的判断方法确定最后一次软重启的重启时间，示例如下：

```
03-14 16:31:36.447    780    780 I boot_progress_start: 85358500
```

确定重启时间后，使用 am_crash 关键字搜索 system_server 相关项，通常会有类似下面的打印结果：

```
03-14 16:31:34.457   1474   1593 I am_crash:
[1474,0,system_server,-1,java.util.ConcurrentModificationException,NULL,ArrayM
ap.java,694]
```

通常，system_server 相关的 am_crash 异常日志出现后，boot_progress_start 会紧随其后。am_crash 异常日志基本上已经说明了问题的原因。

为了获取进一步的异常信息，需要查看 crash 日志文件，该文件中会有关键的出错信息。比如可以在 crash 日志中搜索 FATAL EXCEPTION IN SYSTEM PROCESS 相关的关键字，没有带 SYSTEM 字样的 FATAL 错误通常不会导致软重启。

```
03-14 16:31:34.457   1474   1593 E AndroidRuntime: *** FATAL EXCEPTION IN SYSTEM
PROCESS: android.display
03-14 16:31:34.457   1474   1593 E AndroidRuntime:
java.util.ConcurrentModificationException
03-14 16:31:34.457   1474   1593 E AndroidRuntime:        at
android.util.ArrayMap.removeAt(ArrayMap.java:694)
03-14 16:31:34.457   1474   1593 E AndroidRuntime:        at
android.util.ArrayMap.remove(ArrayMap.java:629)
```

Java 层软重启通常会在 /data/system/dropbox 目录生成一个名称为 system_server_crash @<×××××××××××>.txt 的 dropbox 文件，该文件记录 Java 层软重启的关键调用信息。

2.Native 层软重启

Native 层软重启主要是由 Native 层代码错误所导致的，最终也会导致 system server 进程崩溃。这类软重启在 events 日志中没有 am_crash 相关的打印，只能按照软重启的判断方法确定最后一次软重启的重启时间，示例如下：

```
05-15 20:23:46.357  5282  5282 I boot_progress_start: 147953
```

根据经验通常会判断可能发生了 Native 层软重启，进一步的确认方式是从 crash 日志中查找"＞＞＞ system_server ＜＜＜"，如果存在对应的 crash 日志信息，就可以判断是 Native 层软重启，日志举例如下：

```
05-15 20:23:39.847  5226  5226 F DEBUG   : Build fingerprint:
####/##############/###########/####/20210226.201535:userdebug/test-keys'
05-15 20:23:39.847  5226  5226 F DEBUG   : Revision: '0'
05-15 20:23:39.847  5226  5226 F DEBUG   : ABI: 'arm64'
05-15 20:23:39.847  5226  5226 F DEBUG   : pid: 1940, tid: 2610, name:
PhotonicModulat  >>> system_server <<<
05-15 20:23:39.847  5226  5226 F DEBUG   : signal 5 (SIGTRAP), code 1 (TRAP_
BRKPT), fault addr 0x7e27053e60
05-15 20:23:39.847  5226  5226 F DEBUG   :     x0  0000000000000000  x1
0000000000000000  x2  0000007e41e50b78  x3  0000000000000100
......
05-15 20:23:39.857  5226  5226 F DEBUG   : backtrace:
05-15 20:23:39.857  5226  5226 F DEBUG   :     #00 pc 0000000000043e60
/system/lib64/libandroid_servers.so
(_ZN7androidL20nativeSetAutoSuspendEP7_JNIEnvP7_jclassh+244)
05-15 20:23:39.857  5226  5226 F DEBUG   :     #01 pc 0000000000813808
/system/framework/oat/arm64/services.odex (offset 0x5f0000)
```

Native 层软重启通常是由 C 或者 C++ 代码引发的各类错误导致的，比如内存访问异常，有些是系统故意抛出的 Abort 异常，如果问题比较简单可以直接解决，如果问题比较复杂就需要研究代码甚至让芯片厂家来帮着解决。Native 层软重启通常也会在 /data/system/dropbox 目录生成一个名称为 SYSTEM_TOMBSTONE@<××××××××××>txt.gz 的 dropbox 文件，该文件记录 Native 层软重启的关键调用信息。

3.Watchdog 软重启

Android 设计了一个软件层面的看门狗机制 Watchdog，用于保护一些重要的系统服务，当出现故障时，通常会让 Android 系统软重启。Android 系统使用 Watchdog 来看护 system_server 进程，system_server 进程运行着系统最重要的服务，譬如 AMS、PKMS、WMS 等，当这些服务不能正常运转时，Watchdog 可能会杀掉 system_server，让系统重启。Watchdog 的实现利用了锁和消息队列机制。当 system_server 发生死锁或消息队列一直处于忙碌状态时，则认为系统已经没有响应了。如果未响应状态持续超过一定时间（默认 30 s），就通过 dump 命令进行分析，如果未响应持续超时（默认 60 s），则重启 system_server，以保证系统可用性。

判断 Watchdog 软重启的方法是在 events 日志中按照软重启的判断方法确定最后一次软重启的重启时间，然后使用 watchdog: Blocked 关键字搜索，通常会有类似下面的打印结果：

```
03-22 14:56:17.014  1490  3714 I watchdog: Blocked in monitor
com.android.server.am.ActivityManagerService on foreground thread (android.
fg), Blocked in handler on ui thread (android.ui), Blocked in handler on
display thread (android.display), Blocked in handler on ActivityManager
(ActivityManager)
```

通常与 system_server 相关的 watchdog: Blocked 异常日志出现后，boot_progress_start 会紧随其后。换句话说，watchdog: Blocked 异常通常会导致 Watchdog 软重启。发生这类软重启后，通常会在 system 日志中有下面相关的打印结果（加粗的内容均为可以搜索的关键字）。

```
03-22 14:58:50.294  1490  3714 W Watchdog: *** WATCHDOG KILLING SYSTEM
PROCESS: Blocked in monitor com.android.server.am.ActivityManagerService on
foreground thread (android.fg), Blocked in handler on ui thread (android.ui),
Blocked in handler on display thread (android.display), Blocked in handler on
ActivityManager (ActivityManager)
...
03-22 14:58:50.294  1490  3714 W Watchdog: *** GOODBYE!
```

3.2 死机问题案例分析

死机重启的原因各种各样，可能是软件跑飞了，也可能是硬件某个设备发生异常了，有时候也可能是谷歌自身的保护机制起了作用。常见的死机问题包括 modem assert 触发死机、WLAN 子系统异常、充电器异常或者充电电压不稳、SystemUI 等系统级应用反复崩溃等，这些都是常见的偏软件类异常，这里提到的软件也包括驱动程序。

3.2.1 DDR 位翻转案例

实际上我们难免会遇到一些因兼容性或者质量不稳定的物料引发的死机问题，本节介绍一个 DDR 位翻转的死机问题分析过程，过程中涉及一些汇编的相关内容，读者可能要有些耐心。

死机堆栈信息如下。

```
[<00000000a93f5a89>] prepare_exception_info+0x110/0x144
[<00000000067fcf5c>] sysdump_enter+0x4e8/0x728
[<00000000a2f6a62d>] panic+0x108/0x248
[<00000000898c3d83>] die+0x160/0x168
[<000000006e86b8b6>] bug_handler+0x4c/0x84
[<0000000065a2c2f7>] brk_handler+0x68/0xb0
[<0000000011f11f6d>] do_debug_exception+0xc4/0x15c
[<00000000c9ce7088>] el1_dbg+0x18/0x74
[<00000000719a79f7>] __insert_vmap_area+0xc4/0xcc
[<0000000056ac1f3f>] alloc_vmap_area+0x298/0x344
[<0000000016893224>] __get_vm_area_node+0xd4/0x124
[<00000000b54cdfc3>] vmap+0x58/0xcc
[<00000000187dd08b>] z_erofs_vle_unzip_all+0x57c/0x784
[<00000000fea2771e>] z_erofs_submit_and_unzip+0x598/0x648
[<00000000f095e289>] z_erofs_vle_normalaccess_readpages+0x1c8/0x244
[<000000006d7b9662>] __do_page_cache_readahead+0x13c/0x240
[<00000000c2392272>] filemap_fault+0x24c/0x51
```

死机位置和寄存器中的值信息如下，尤其注意加粗的函数名和 x8、x10、x12 三个寄存器的值，后面推导死机现场日志会用到。

```
[42017.632399] c3 task: 00000000722725ce task.stack: 00000000b832f504
[42017.632408] c3 PC is at __insert_vmap_area+0xc4/0xcc
[42017.632411] c3 LR is at alloc_vmap_area+0x298/0x344
[42017.632413] c3 pc : [<ffffff80081e7c2c>] lr : [<ffffff80081e7a70>] pstate:
80400145
[42017.632414] c3 sp : ffffff8015bd33d0
[42017.632415] c3 x29: ffffff8015bd33e0 x28: 0000000000000000
[42017.632419] c3 x27: 0000000000000000 x26: ffffff800922f000
[42017.632422] c3 x25: ffffff8008000000 x24: 0000000000000001
[42017.632425] c3 x23: ffffff800922f000 x22: 0000000000006000
[42017.632428] c3 x21: ffffff8008000000 x20: ffffffbebfff0000
[42017.637065] c0 WCN SLP_MGR: allow sleep
[42017.645024] c3 x19: ffffffc0353e8080 x18: 0000000000000000
```

```
[42017.645027]  c3 x17: 00000000000002a8 x16: 0000000000000001
[42017.645030]  c3 x15: 000000000000022c x14: 000000000000022c
[42017.645033]  c3 x13: ffffffc178f5af00 x12: ffffff801cba9000
[42017.645036]  c3 x11: ffffff801eb9d000 x10: ffffff801cba3000
[42017.645039]  c3 x9 : ffffff801cba9000 x8 : ffffffc09be1ac98
[42017.645042]  c3 x7 : 0000000000000000 x6 : 000000000000003f
[42017.645045]  c3 x5 : 0000000000000040 x4 : ffffffc17fecbbe0
[42017.645047]  c3 x3 : 0000000022b53be3 x2 : ffffffc0353e8d80
[42017.645050]  c3 x1 : 0000000000000000 x0 : ffffffc0353e8080
```

通过 dis 命令查看死机位置 __insert_vmap_area+0xc4/0xcc 的汇编代码。

```
0xffffff80081e7c2c <__insert_vmap_area+0xc4>: brk #0x800    //死机位置
0xffffff80081e7c30 <__insert_vmap_area+0xc8>: b 0xffffff80081e7c30
<__insert_vmap_area+0xc8>
```

上面从汇编代码开始分析，可以定位到该死机位置代码对应的是 /kernel4.14/mm/ vmalloc.c 的第 378 行，如图 3-2 所示。

```
361
362  static void __insert_vmap_area(struct vmap_area *va)
363  {
364      struct rb_node **p = &vmap_area_root.rb_node;
365      struct rb_node *parent = NULL;
366      struct rb_node *tmp;
367
368      while (*p) {
369              struct vmap_area *tmp_va;
370
371              parent = *p;
372              tmp_va = rb_entry(parent, struct vmap_area, rb_node);
373              if (va->va_start < tmp_va->va_end)
374                      p = &(*p)->rb_left;
375              else if (va->va_end > tmp_va->va_start)
376                      p = &(*p)->rb_right;
377              else
378                      BUG();
379      }
380
381      rb_link_node(&va->rb_node, parent, p);
382      rb_insert_color(&va->rb_node, &vmap_area_root);
383
384      /* address-sort this list */
385      tmp = rb_prev(&va->rb_node);
386      if (tmp) {
387              struct vmap_area *prev;
388              prev = rb_entry(tmp, struct vmap_area, rb_node);
389              list_add_rcu(&va->list, &prev->list);
390      } else
391              list_add_rcu(&va->list, &vmap_area_list);
392  }
393
```

图 3-2　vmalloc 代码段

结合汇编代码可以看到，跳转到第 378 行是因为第 375 行满足了 x9 ≤ x11 的条件。

继续看汇编和源代码就可以推导出，x9 对应代码中的 va->va_end，x11 对应代码中的
tmp_va->va_start。

```
0xffffff80081e7ba4 <__insert_vmap_area+0x3c>: ldr x9, [x19,#8]
0xffffff80081e7ba8 <__insert_vmap_area+0x40>: ldr x11, [x8,#-24]
0xffffff80081e7bac <__insert_vmap_area+0x44>: cmp x9, x11
0xffffff80081e7bb0 <__insert_vmap_area+0x48>: b.ls 0xffffff80081e7c2c
<__insert_vmap_area+0xc4>  //从这里跳到死机位置
```

查看 x9、x11 寄存器中的值如下：

```
x9 : ffffff801cba9000
x11: ffffff801eb9d000
```

确实是因为 x9<x11，所以从第 375 行跳进了第 378 行，导致死机。这是异常情况，
正常情况下应该是 x9>x11，这里可以先提出一个假设，如果 x9 中的 c 是 e，或者 x11 中
的 e 是 c，那么就会是正常的 x9>x11，不会出现死机问题，当然这只是假设，具体有没
有这种可能性，需要继续往前推导，用代码来佐证。

继续看汇编代码，第 375 行的代码实际是从第 373 行的代码跳进去的，若第 373 行
中 x10≤x9 的话，则会跳转到第 375 行。与代码结合起来，x10 就是 tmp_va->va_end，
x9 就是 va->va_start。

第 368 行（见图 3-2）对应的汇编代码：

```
0xffffff80081e7b74 <__insert_vmap_area+0xc>: adrp x9, 0xffffff800922f000
<ftrace_dump.iter+0x1d70>
0xffffff80081e7b78 <__insert_vmap_area+0x10>: add x9, x9, #0xcb0
0xffffff80081e7b7c <__insert_vmap_area+0x14>: ldr x11, [x9]
0xffffff80081e7b80 <__insert_vmap_area+0x18>: mov x19, x0
0xffffff80081e7b84 <__insert_vmap_area+0x1c>: cbz x11, 0xffffff80081e7bc4 <__
insert_vmap_area+0x5c>
0xffffff80081e7b88 <__insert_vmap_area+0x20>: ldr x10, [x19]
/android/bsp/kernel/kernel4.14/mm/vmalloc.c: 373
0xffffff80081e7b8c <__insert_vmap_area+0x24>: ldr x9, [x11,#-16]
0xffffff80081e7b90 <__insert_vmap_area+0x28>: mov x8, x11
0xffffff80081e7b94 <__insert_vmap_area+0x2c>: cmp x10, x9
0xffffff80081e7b98 <__insert_vmap_area+0x30>: b.cs 0xffffff80081e7ba4 <__
insert_vmap_area+0x3c>
```

第 374 行对应的汇编代码：

```
0xffffff80081e7b9c <__insert_vmap_area+0x34>: add x9, x8, #0x10
0xffffff80081e7ba0 <__insert_vmap_area+0x38>: b 0xffffff80081e7bb8 <__insert_
vmap_area+0x50>
```

第 375 行对应的汇编代码：

```
0xffffff80081e7ba4 <__insert_vmap_area+0x3c>: ldr x9, [x19,#8]
0xffffff80081e7ba8 <__insert_vmap_area+0x40>: ldr x11, [x8,#-24]
0xffffff80081e7bac <__insert_vmap_area+0x44>: cmp x9, x11
0xffffff80081e7bb0 <__insert_vmap_area+0x48>: b.ls 0xffffff80081e7c2c
<__insert_vmap_area+0xc4>
```

下面需要推导系统执行到第 373 行时，x9、x10 的值应该是多少。

很明显第 373 行 x9 中的值在第 375 行时已经被覆盖了（ldr x9, [x19,#8]）。第 373 行的 x9 的值是由 x11~x16 地址中的内容得到的，但是 x11 的值在第 375 行时也被覆盖了（ldr x11, [x8,#-24]）。不过在第 373 行时，x11 的值同时传给了 x8，而后一直到系统死机 x8 的值都没有被更改。x8 的值可以从本节前面介绍的死机现场信息来看：

[42017.645039] c3 x9 : ffffff801cba9000 x8 : ffffffc09be1ac98

所以死机时 x8 寄存器中的值就是第 373 行时 x11 的值，这样就可以确定第 373 行时 x11 的值是 0xffffffc09be1ac98，那么 x9 就可以通过汇编代码（ldr x9, [x11,#-16]）来得到，对应的 crash 命令就是 rd ffffffc09be1ac88，这样就可以推导出第 373 行时 x9 的值是 ffffff801cba3000。也就是说在第 373 行时，va->va_start 为 0xffffff801cba3000，tmp_va->va_end 为 0xffffff801cba3000，再结合第 375 行时 x9、x11 的推导结果，得出 va → va_end 为 0xffffff801cba9000，tmp_va->va_start 为 0xffffff801eb9d000。

将这四个数据重新排列，很容易看出问题所在：

```
va->va_start:        0xffffff801cba3000
va->va_end:          0xffffff801cba9000
tmp_va->va_start:    0xffffff801eb9d000
tmp_va->va_end:      0xffffff801cba3000
```

tmp_va 的 va 地址区间应该与 va 的地址区间一致，即 0x6000（0xffffff801cba9000 减去 0xffffff801cba3000），因此 tmp_va->va_start 的值应该是 0xffffff801cb9d000（0xffffff801cba3000 减去 0x6000），但实际上它的值是 0xffffff801eb9d000，也就是说这个数值发生了 c → e 的跳变（1100 → 1110），即 0 到 1 的跳变。

如上推导就可以证明前面的假设成立，即的确是因为 DDR 的位翻转出现了问题，0 变成了 1，导致最后数据发生错误，系统条件判断时走进了 bug 流程，进而导致了最后的死机。这类问题往往容易出现在刚量产的物料或者性能较弱的物料上。

3.2.2　DDR 上电时序不稳定案例

在缺芯的大背景下，我们总是会遇到一些预想不到或者兼容物料不及时的问题。本节介绍一个由于 DDR 物料本身稳定性不够导致的死机案例。先介绍具体的案例情况：用户拿到手机后，灭屏待机，充电，然后第二天早上发现手机关机了，而且短按电源键没有任何反应，插入充电器也没有反应，只能长按电源键重新开机，开机后有较低概率继续出现死机情况。首先这类死机问题的复现难度极高，需要投入成百上千台终端同时现网测试，最终将问题逐步聚焦到容易复现的机器上。这种死机属于复杂类型的死机，死机现场普通的 dump 日志经过分析后信息非常有限，连系统正常的日志打印都没有，说明系统已经挂掉了，最终发现是在系统进入休眠唤醒过程时更加容易出现，再次经过大量机器的休眠唤醒测试，在芯片厂家的协助下，将一定规模数量的机器全部飞线，等死机现场出现时，通过连接 JTAG 工具获取硬件侧的现场数据，然后联合芯片厂家的资深工程师和终端厂家的稳定性资深工程师共同分析诊断。注意，这时系统已经挂死，上层任何命令都是无效的。图 3-3 是研发在复现故障时的一些现场情况，只要问题能快速复现，抓住现场是最重要的突破口。

由现场数据发现，DDR 中的数据与 CPU 中的数据不一致。DDR 中的数据是正确的，CPU 中的数据与 DDR 中的数据相比，存在随机位移。这就很奇怪了，理论上这两个数据应该是一致的，分析发现，是 DDR 上电的时间和 CPU 上电的时间匹配出现问题，DDR 上电后，需要等工作频率稳定以后才能响应 CPU 的请求，这段时间如果比 CPU 上电后到发出第一个读数据请求的工作时间长，就会导致 CPU 准备好了 DDR 还没有准备好的现象，最终的后果可能会有两种：一种是 DDR 中的数据和 ROM 中保存的数据不一致，进而导致 CPU 中的数据错误；另一种是 DDR 中的数据是对的，但 CPU 读到缓存中的数据不对，更离谱的还可能会导致 CPU 的指令缓存和数据缓存都存在数据不准确的情况。无论哪一种后果，都会导致 CPU 直接挂掉，整个系统无法工作，这种物料引发的问题一般要么在开机过程中出现问题，要么隐藏在系统休眠唤醒过程等一些涉及 CPU、DDR 某一路电下电再上电的过程中。通常来讲，下电过程出问题的概率较低，至少下电前系统是正常工作的，但系统休眠以后能不能醒过来就不一定了，万一这个过程中出现上述两种情况中的任何一种，就再也醒不过来了，造成死机问题。同时，这种情况还会触发一些芯片级别的保护机制，很可能短时间内按电源键无法开机，等一会儿再强制开机才能恢复。

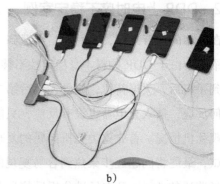

a)   b)

图 3-3   正常自测现场 a) 和飞线复现问题现场 b)

如何解决这类问题？搞清楚原理后找解决方案就相对容易了，通常 SoC 芯片厂家会在产品发布前做主流 DDR 等外设兼容性的适配，但毕竟都是通过代码来兼容，碰到没有兼容到的硬件，代码健壮性不够，就会引起严重问题。上面的分析思路指引了改进代码的思路，既然 DDR 上电到能稳定工作的时间偏长，那就给 CPU 设置一个等待时间，等到 DDR 工作稳定了，再去发指令要数据。不过实践过程中还可能会出现随机性问题：这个最大等待区间设置多少合适，万一碰到物料一致性非常差的怎么办？总不能设置为 1 min，这样手机将是不可用的状态。最终思路是尽可能地让外设在开机后工作在一个稳定状态，然后通过一些技术手段来保障这些外设永远都处于稳定状态。不同的外设，控制手段不同，可能会牺牲一定的功耗来换取系统的稳定性运行。最后说明一下，一般主流的硬件问题都不大，一旦遇到类似情况厂家支持也会很到位。另外，很多从业者都将精力更多地放在系统层面，缺乏对底层驱动上电等过程的了解，当按下电源键的时候，对于手机而言到底发生了什么？可能很多读者都比较熟悉偏操作系统侧的开机启动流程，往往忽略掉硬件初始化过程，包括各种硬件外设上电时序问题，甚至哪个 CPU 核心被拉起，而这是需要提前熟悉的。

前面两小节介绍了 DDR 引起的死机经典案例，还有一类是 DDR 损坏或者虚焊接触不良等情况，这种情况一般表现为无法直接开机，需要硬件工程师参与分析。

3.2.3　eMMC 长时间无响应导致冻屏死机案例

在整个行业缺芯和芯片国产化的大背景下，总是会遇到一些预想不到或者物料固件存在缺陷的问题。本节介绍一个由于 eMMC 物料本身固件问题导致的冻屏死机案例。先介绍具体的案例情况：在正常测试过程中，一些机器出现界面显示正常，但是点击、滑动屏幕均无任何反应，短按电源键也无法点亮或者熄灭屏幕的情况，也就是说出现了前面章节中提到的系统卡死、冻屏死机问题。

首先尝试使用 adb 命令去查看手机的系统状态，发现此时手机已经完全不响应了，所以无法真正获取手机的任何信息，包括常规的系统日志。这个状态用常规的分析手段已经无法进行了，只能用手动强制触发 ramdump 的方式去提取整机内存镜像文件，希望从内存镜像文件中找到问题分析的突破点。关于如何手动强制触发 ramdump，每个 SoC 厂家的方案都不同，本书不做介绍。分析步骤如下。

先检查 sh 进程的堆栈，查看为什么 shell 命令无响应，堆栈信息显示 sh 进程是在读数据时被 io_schedule 阻塞住了。

```
PID: 15381   TASK: ffffff8048483b00  CPU: 1   COMMAND: "sh"
 #0 [ffffffc012a0b510] __switch_to at ffffffc0100a84b8
 #1 [ffffffc012a0b560] __schedule at ffffffc011683b00
 #2 [ffffffc012a0b5c0] schedule at ffffffc011684298
 #3 [ffffffc012a0b640] io_schedule at ffffffc011684ca4
 #4 [ffffffc012a0b6b0] blk_mq_get_tag at ffffffc010933a7c
 #5 [ffffffc012a0b720] blk_mq_get_request at ffffffc01092d818
 #6 [ffffffc012a0b7e0] blk_mq_make_request at ffffffc01092cb34
 #7 [ffffffc012a0b870] generic_make_request at ffffffc010918e48
 #8 [ffffffc012a0b8f0] submit_bio at ffffffc010918b1c
 #9 [ffffffc012a0b940] submit_bh_wbc at ffffffc0105b4d80
#10 [ffffffc012a0ba40] block_read_full_page at ffffffc0105bc848
```

```
#11 [ffffffc012a0baa0] blkdev_readpage at ffffffc0105c05c0
#12 [ffffffc012a0bac0] do_read_cache_page at ffffffc01044728c
#13 [ffffffc012a0bb20] erofs_get_meta_page at ffffffc010870b14
#14 [ffffffc012a0bb50] inline_getxattr at ffffffc010874970
#15 [ffffffc012a0bbd0] erofs_getxattr at ffffffc010874224
#16 [ffffffc012a0bc10] erofs_xattr_generic_get at ffffffc010876044
#17 [ffffffc012a0bc30] __vfs_getxattr at ffffffc0100dc3a8
#18 [ffffffc012a0bcb0] get_vfs_caps_from_disk at ffffffc01088d4c0
#19 [ffffffc012a0bd00] cap_bprm_set_creds at ffffffc01088ca90
#20 [ffffffc012a0bd80] prepare_binprm at ffffffc010548f4c
#21 [ffffffc012a0bde0] __do_execve_file at ffffffc010548104
#22 [ffffffc012a0be40] __arm64_sys_execve at ffffffc010549e60
#23 [ffffffc012a0be70] el0_svc_common at ffffffc010181e94
#24 [ffffffc012a0beb0] el0_svc_handler at ffffffc0100a8ed8
#25 [ffffffc012a0bff0] el0_svc at ffffffc0100a7ec4
```

继续检查系统关键进程情况，如 system_server、init 进程的堆栈运行情况，结果发现在进行数据读写时，也被 io_schedule 阻塞住了。

```
PID: 1326   TASK: ffffff80b0043b00 CPU: 0   COMMAND: "system_server"
 #0 [ffffffc0193eb940] __switch_to at ffffffc0100a84b8
 #1 [ffffffc0193eb990] __schedule at ffffffc011683b00
 #2 [ffffffc0193eb9f0] schedule at ffffffc011684298
 #3 [ffffffc0193eba70] io_schedule at ffffffc011684ca4
 #4 [ffffffc0193ebb60] wait_on_page_bit_common at ffffffc010445fd4
 #5 [ffffffc0193ebbd0] wait_on_page_writeback at ffffffc010453808
 #6 [ffffffc0193ebca0] __filemap_fdatawait_range at ffffffc0104484dc
 #7 [ffffffc0193ebd80] f2fs_do_sync_file at ffffffc0107d76c4
 #8 [ffffffc0193ebde0] f2fs_sync_file at ffffffc0107d7508
 #9 [ffffffc0193ebdf0] vfs_fsync at ffffffc0105aadec
#10 [ffffffc0193ebe30] __arm64_sys_fsync at ffffffc0105aad24
#11 [ffffffc0193ebe70] el0_svc_common at ffffffc010181e94
#12 [ffffffc0193ebeb0] el0_svc_handler at ffffffc0100a8ed8
#13 [ffffffc0193ebff0] el0_svc at ffffffc0100a7ec4

PID: 229   TASK: ffffff80f4ed1d80 CPU: 4   COMMAND: "init"
 #0 [ffffffc012c63940] __switch_to at ffffffc0100a84b8
 #1 [ffffffc012c63990] __schedule at ffffffc011683b00
 #2 [ffffffc012c639f0] schedule at ffffffc011684298
 #3 [ffffffc012c63a70] io_schedule at ffffffc011684ca4
 #4 [ffffffc012c63b60] wait_on_page_bit_common at ffffffc010445fd4
 #5 [ffffffc012c63bd0] wait_on_page_writeback at ffffffc010453808
 #6 [ffffffc012c63ca0] __filemap_fdatawait_range at ffffffc0104484dc
 #7 [ffffffc012c63d80] f2fs_do_sync_file at ffffffc0107d76c4
```

```
 #8 [ffffffc012c63de0] f2fs_sync_file at ffffffc0107d7508
 #9 [ffffffc012c63df0] vfs_fsync at ffffffc0105aadec
#10 [ffffffc012c63e30] __arm64_sys_fsync at ffffffc0105aad24
#11 [ffffffc012c63e70] el0_svc_common at ffffffc010181e94
#12 [ffffffc012c63eb0] el0_svc_handler at ffffffc0100a8ed8
#13 [ffffffc012c63ff0] el0_svc at ffffffc0100a7ec4
```

进程都是被 io_schedule 阻塞住，这个现象就很能说明大概率是系统的 I/O 出现异常。进一步检查系统所有进程的堆栈情况，发现很多进程都是被 io_schedule 阻塞住了，包括 SystemUI、Launcher、inputDispatcher 等，如此众多的关键进程都被 io_schedule 阻塞，这就绝对不是巧合，可以认为基本坐实原因。

从 ramdump 中解析出内核日志并搜索匹配 I/O 相关信息，日志显示有大量的"mmc0: Timeout waiting for hardware interrupt."异常，如图 3-4 所示，打印结果明确指向 eMMC 出现了硬件层面的读写无响应超时问题。

```
[10161.686854] mmc0: Timeout waiting for hardware interrupt
[10165.782870] mmc0: Timeout waiting for hardware interrupt
[10169.878490] mmc0: Timeout waiting for hardware interrupt
[10173.974884] mmc0: Timeout waiting for hardware interrupt
[10178.070492] mmc0: Timeout waiting for hardware interrupt
[10182.166870] mmc0: Timeout waiting for hardware interrupt
[10186.262790] mmc0: Timeout waiting for hardware interrupt
[10190.358489] mmc0: Timeout waiting for hardware interrupt
[10194.454489] mmc0: Timeout waiting for hardware interrupt
[10198.550489] mmc0: Timeout waiting for hardware interrupt
[10202.646490] mmc0: Timeout waiting for hardware interrupt
[10206.742493] mmc0: Timeout waiting for hardware interrupt
[10210.838497] mmc0: Timeout waiting for hardware interrupt
[10214.934495] mmc0: Timeout waiting for hardware interrupt
[10219.030492] mmc0: Timeout waiting for hardware interrupt
[10223.126488] mmc0: Timeout waiting for hardware interrupt
[10227.222490] mmc0: Timeout waiting for hardware interrupt
[10231.318489] mmc0: Timeout waiting for hardware interrupt
[10235.414488] mmc0: Timeout waiting for hardware interrupt
[10239.510497] mmc0: Timeout waiting for hardware interrupt
[10243.606492] mmc0: Timeout waiting for hardware interrupt
[10247.702488] mmc0: Timeout waiting for hardware interrupt
[10251.798487] mmc0: Timeout waiting for hardware interrupt
[10255.894490] mmc0: Timeout waiting for hardware interrupt
[10259.990964] mmc0: Timeout waiting for hardware interrupt
[10264.086490] mmc0: Timeout waiting for hardware interrupt
[10268.182494] mmc0: Timeout waiting for hardware interrupt
[10272.278498] mmc0: Timeout waiting for hardware interrupt
[10276.374491] mmc0: Timeout waiting for hardware interrupt
[10280.726497] mmc0: Timeout waiting for hardware interrupt
[10284.822498] mmc0: Timeout waiting for hardware interrupt
[10288.918495] mmc0: Timeout waiting for hardware interrupt
```

图 3-4 eMMC 超时无响应的关键日志打印

该问题最终锁定是 eMMC 驱动和硬件无响应问题，先阻塞了关键进程的 I/O 调用，导致了系统的卡死，最后在 eMMC 芯片厂家和 SoC 芯片厂家的配合下得以解决。这类问题属于相对严重的稳定性问题，需要尽可能地在项目发货前暴露并全力解决掉，否则到购机时用户就只能做退机处理。

3.2.4 系统运行内存耗尽案例

1. 相机模块内存使用异常导致的死机问题

在测试过程中我们发现，低内存机型在某个版本测试时连续出现多台样机死机的情况，且死机堆栈基本一致，如图 3-5 所示，经查，它们都是因内存耗尽，申请新的内存超时导致的。

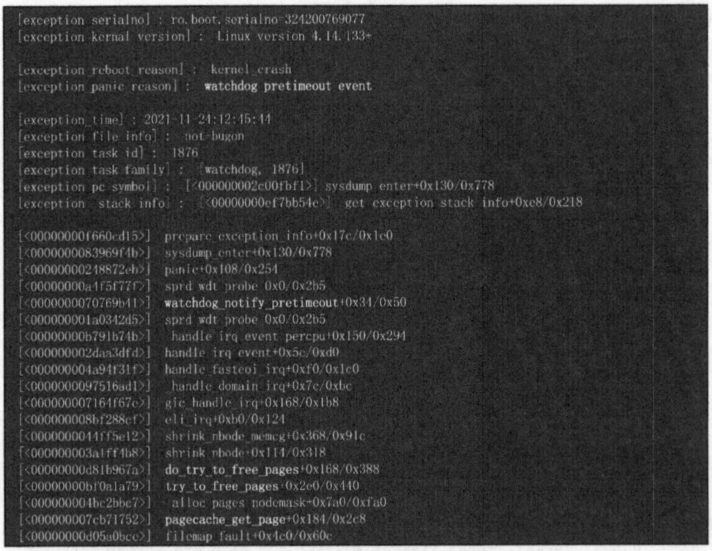

```
[exception serialno] : ro.boot.serialno=324200769077
[exception kernal version] :  Linux version 4.14.133+

[exception_reboot_reason] :  kernel_crash
[exception_panic_reason] :  watchdog pretimeout event

[exception_time] : 2021-11-24:12:45:44
[exception file info] :  not-bugon
[exception task id] :  1876
[exception task family] :  [watchdog, 1876]
[exception pc symbol] :  [<000000002c00fbf1>] sysdump enter+0x130/0x778
[exception  stack info] :  [<00000000ef7bb54e>]  get exception stack info+0xe8/0x218

[<00000000f660cd15>]  prepare_exception_info+0x17c/0x1c0
[<0000000083969f4b>]  sysdump_enter+0x130/0x778
[<00000000248872eb>]  panic+0x108/0x254
[<00000000a4f5f77f>]  sprd wdt probe 0x0/0x2b5
[<0000000070769b41>]  watchdog_notify_pretimeout+0x34/0x50
[<000000001a0342d5>]  sprd wdt probe 0x0/0x2b5
[<00000000b791b74b>]   handle irq event percpu+0x150/0x294
[<000000002daa3dfd>]  handle irq event+0x5c/0xd0
[<000000004a94f31f>]  handle fasteoi irq+0xf0/0x1c0
[<0000000097516ad1>]   handle domain irq+0x7c/0xbc
[<000000007164f67c>]  gic handle irq+0x168/0x1b8
[<000000008bf288cf>]  el1_irq+0xb0/0x124
[<0000000044ff5e12>]  shrink_nbode_memcg+0x368/0x91c
[<000000003a1ff4b8>]  shrink nbode+0x114/0x318
[<00000000d81b967a>]  do_try_to_free_pages+0x168/0x388
[<00000000bf0a1a79>]  try_to_free_pages+0x2e0/0x440
[<000000004bc2bbc7>]   alloc pages nodemask+0x7a0/0xfa0
[<000000007cb71752>]  pagecache_get_page+0x184/0x2c8
[<00000000d05a0bcc>]  filemap fault+0x4c0/0x60c
```

图 3-5 内存申请超时

查看此时的系统内存情况，如图 3-6 所示，可以看到 swap 内存全部用完，free 的内存只有 4.7 MB，属于内存耗尽的场景。

通过死机前内核日志中打印出来的内存情况来看，如图 3-7 所示，camera provider 占据了大量的内存，而且死机前满屏都是相机的日志打印。因此，我们基本可以确定在相机使用过程中，是内存使用异常直接导致了这个问题。

```
crash_arm64> kmem -i
                 PAGES        TOTAL      PERCENTAGE
    TOTAL MEM   468053       1.8 GB         ----
         FREE     1203       4.7MB      0% of TOTAL MEM
         USED   466850       1.8 GB    99% of of TOTAL MEM
       SHARED    76695     299.6 MB    16% of TOTAL MEM
      BUFFERS       93       372 MB     0% of TOTAL MEM
       CACHED    76968     300.7 MB    16% of TOTAL MEM
         SLAB    30230     196.2 MB    10% of TOTAL MEM

   TOTAL HUGE        0            0         ----
    HUGE FREE        0            0     0% of TOTAL HUGE

   TOTAL SWAP   223692     873.8 MB         ----
    SWAP USED   223692     873.8 MB   100% of TOTAL SWAP
    SWAP FREE        0            0     0% of TOTAL SWAP

 COMMIT LIMIT   457716       1.7 GB         ----
    COMMITTED  6867603      26.2 GB  1500% of TOTAL LIMIT
```

图 3-6　内存耗尽的场景

```
[350918.684785] c5 emem: +++++++++++++++++++++E_SHOW_MEM_BEGIN+++++++++++++++++++
[350918.684793] c5 emem: The killed process adj = 0
[350918.684795] c5 e_show_mem: Enhanced Mem-Info:
[350918.684797] c5 e_show_mem: E_SHOW_MEM_ALL
[350918.684799] c5 e_show_mem: Enhanced Mem-info :SHOW MEM
[350918.684800] c5 Mem-Info:
[350918.684814] c5 active_anon:33938 inactive_anon:33944 isolated_anon:0
                    active_file:754 inactive_file:78289 isolated_file:0
                    unevictable:2066 dirty:60 writeback:42 unstable:0
                    slab_reclaimable:16500 slab_unreclaimable:33871
                    mapped:2439 shmem:522 pagetables:8196 bounce:0
                    free:1618 free_pcp:348 free_cma:0 free_highatomic:28
[350918.684820] c5 Node 0 active_anon:135752kB inactive_anon:135776kB active_file:3016kB inactive_file:313156
unevictable:8264kB isolated(anon):0kB isolated(file):0kB mapped:9756kB dirty:240kB writeback:168kB shmem:2088
writeback_tmp:0kB unstable:0kB all_unreclaimable? no
[350918.684830] c5 DMA free:6472kB min:5456kB low:29368kB high:31240kB active_anon:135752kB inactive_anon:135
active_file:2724kB inactive_file:312528kB unevictable:8264kB writepending:408kB present:2096896kB managed:187
mlocked:8264kB kernel_stack:22992kB pagetables:32784kB bounce:0kB free_pcp:1480kB local_pcp:36kB free_cma:0kB
[350918.684831] c5 lowmem_reserve[]: 0 0 0
[350918.684836] c5 DMA: 148*4kB (UMEH) 35*8kB (UMH) 95*16kB (UH) 101*32kB (UE) 1*64kB (E) 0*128kB 0*256kB 0*5
0*2048kB 0*4096kB 0*8192kB = 5688kB
[350918.684862] c5 81221 total pagecache pages
[350918.684867] c5 713 pages in swap cache
[350918.684870] c5 Swap cache stats: add 551387157, delete 551374125, find 291512980/508142795
[350918.684872] c5 Free swap  = 0kB
[350918.684874] c5 Total swap = 894768kB
[350918.684876] c5 524224 pages RAM
[350918.684878] c5 0 pages HighMem/MovableOnly
[350918.684879] c5 56171 pages reserved
[350918.684918] c5 e_show_mem: MemTotal:         1872212 kB
                    Buffers:             416 kB
                    SwapCached:         2852 kB
[350918.684921] c5 emem: Enhanced Mem-info :TASK
[350918.684922] c5 emem: Detail:
[350918.684924] c5 emem: [ pid ]   uid  tgid total_vm      rss   swap cpu oom_score_adj name
[350918.684991] c5 emem: [  289]     0   289     9926      500    335   7         -1000 init
[350918.684997] c5 emem: [  290]     0   290     9734      191    357   5         -1000 init
[350918.685003] c5 emem: [  292]     0   292     9734      402    254   2         -1000 ueventd
[350918.685010] c5 emem: [  309]  1000   309     8893      182    202   0         -1000 servicemanager
[350918.685015] c5 emem: [  310]  1000   310   535338      265    396   2         -1000 hwservicemanage
[350918.685021] c5 emem: [  311]  1000   311     9055       33    174   6         -1000 vndservicemanag
[350918.685026] c5 emem: [  312]     0   312     8351       77    118   1         -1000 watchdogd
[350918.685032] c5 emem: [  317]     0   317    88204       43    859   1         -1000 Binder:317_2
[350918.685048] c5 emem: [  373]  1000   373   534050      115    281   4         -1000 keymaster@4.0-u
[350918.685053] c5 emem: [  392]     0   392   544518       97    371   1         -1000 apexd
[350918.685063] c5 emem: [  433]  1000   433     9853      608    259   4         -1000 allocator@1.0-s
[350918.685069] c5 emem: [  434]  1000   434    24405      529    359   4         -1000 suspend@1.0-ser
[350918.685074] c5 emem: [  435]  1041   435    11610       28    986   0         -1000 audio@2.0-servi
[350918.685080] c5 emem: [  436]  1002   436    19158      522    309   7         -1000 bluetooth@1.0-s
[350918.685085] c5 emem: [  437]  1047   437   302793    55601  57461   4         -1000 provider@2.4-se
```

图 3-7　camera provider 内存占用超标

由于之前测试过程中从未出现过类似情况，因此可以明确这个死机问题应该是由相机模块最近一段时间的代码修改引入的。

一开始寻求相机工程师的协同以查找代码修改情况，但排查无果，然后我们尝试适当地调大 swap 分区，从之前的 45% 加大到 48%，相当于增加了大概 50 MB 的内存，再用特殊版本做专项测试，测试结果仍是出现了 7 次死机，死机问题与之前一模一样，说明死机原因可能是内存泄漏，而不是内存不够用。

继续尝试正面分析发现，在之前没有死机的版本上，打开相机双摄拍照时，内存占用在 360 MB 左右，拍照过程中内存不会波动，基本保持在这个数值大小，而在出死机问题的版本上打开相机双摄拍照时，内存占用在 375 MB 左右，且拍照过程中内存波动较大，会在 375 MB 的基础上急速地再额外申请约 180 MB 的空间，使得相机内存甚至达到 550 MB+，这个波动和死机前抓到的相机内存占有情况基本相符。

基于更深入日志分析，发现死机时 camera provider 占用了最大的内存资源，但在死机前相机应用其实已经被杀掉了。在正常情况下，相机退出后，camera provider 的内存应该是下降的，但在这个案例中并没有下降，经与相机驱动工程师沟通，我们怀疑是内存不足导致 Binder 通信失败，进而引发 camera provider 的内存没有释放。其他主流芯片平台也有过类似的情况，尤其是在低内存手机项目上。

基于如上发现，综合考虑后，我们决定尝试增加一个"连坐"查杀方式来及时清理内存。解决方案是当内存紧张到一定程度时，系统侧 LMKD 机制开始杀进程，当内存紧张到极点时，在前台使用相机都要被清理时，camera provider 也要被同步清理，将内存释放出来。通过这种方式去尽量保障 LMKD 能清理出来尽可能多的内存，达到减少或者避免因无内存可用导致的系统死机问题。

2. 抖音内存泄漏导致系统卡死重启的问题

某项目中有用户反馈遇到多次抖音应用卡死，甚至导致系统本身卡顿、卡死或直接软重启的现象。通过分析用户提供的日志发现，大致可以定性分析出该问题是由应用自身疑似发生了严重的内存泄漏，使得系统内存极度紧张导致的。而且泄漏点并不唯一，堆栈比较随机，抖音和抖音极速版都有类似问题。下面分析一个在使用抖音过程中突发整机黑屏卡死的案例，在卡死前以及卡死过程中内核日志中都有大量 kgsl 内存申请失败的打印，失败原因是内存溢出 (OOM)，如图 3-8 所示。

```
04-04 15:42:45.190 15694 15694 E kgsl-3d0: get_unmapped_area: pid 15372 addr 0 pgoff 96 len 69271552 failed error -12
04-04 15:42:45.198 15694 15694 E kgsl-3d0: get_unmapped_area: pid 15372 addr 0 pgoff 96 len 69271552 failed error -12
04-04 15:42:45.211 15694 15694 E kgsl-3d0: get_unmapped_area: pid 15372 addr 0 pgoff a6 len 69271552 failed error -12
04-04 15:42:45.221 15694 15694 E kgsl-3d0: get_unmapped_area: pid 15372 addr 0 pgoff 85 len 69271552 failed error -12
04-04 15:42:45.229 15694 15694 E kgsl-3d0: get_unmapped_area: pid 15372 addr 0 pgoff 85 len 69271552 failed error -12
04-04 15:42:45.237 15694 15694 E kgsl-3d0: get_unmapped_area: pid 15372 addr 0 pgoff 2b len 69271552 failed error -12
04-04 15:42:45.245 15694 15694 E kgsl-3d0: get_unmapped_area: pid 15372 addr 0 pgoff 2b len 69271552 failed error -12
04-04 15:42:45.253 15694 15694 E kgsl-3d0: get_unmapped_area: pid 15372 addr 0 pgoff 2b len 69271552 failed error -12
04-04 15:42:53.598 15372 15694 E Adreno-GSL: <gsl_memory_alloc_pure:2890>: ERROR: kgsl_sharedmem_alloc() failed! Allocation size: (67648 KB); Flags: (0x100600)
04-04 15:42:53.606 15372 15694 W Adreno-GSL: <sharedmem_gpuobj_alloc:3181>: sharedmem_gpumem_alloc: mmap failed errno 12 Out of memory
```

图 3-8　抖音申请内存失败

这个过程表现为抖音出现严重卡顿，甚至整个手机都无响应，在这段时间的日志里可以看到虚拟机一直持续在做 GC 回收内存的动作，如图 3-9 所示，但是虚拟机内存占用却始终居高不下，同时还在不停地发起内存申请，且每次申请都比较耗时（因为需要等待回收出足够多内存），这就陷入了一个死循环，表现为严重卡顿甚至卡死的现象。

```
16:03:19.086 27376 27376 I droid.ugc.awem: Clamp target GC heap from 533MB to 512MB
16:03:19.086 27376 27376 I droid.ugc.awem: Alloc concurrent copying GC freed 1734518(73MB) AllocSpace objects, 65(1732KB) LOS objects, 14% free, 437MB/512MB,
16:03:19.086 27376 25846 I droid.ugc.awem: WaitForGcToComplete blocked Alloc on Alloc for 731.753ms
16:03:19.086 27376 25846 I droid.ugc.awem: Starting a blocking GC Alloc
16:03:19.086 27376 13839 I droid.ugc.awem: WaitForGcToComplete blocked Alloc on Alloc for 719.726ms
16:03:19.086 27376 13839 I droid.ugc.awem: Starting a blocking GC Alloc
16:03:19.086 27376 28111 I droid.ugc.awem: WaitForGcToComplete blocked Alloc on Alloc for 660.165ms
```

图 3-9　GC 回收动作

当时正值冬奥会，也有用户反馈使用抖音看冬奥会开幕式直播时提示运行内存不足无法打开，在清理所有后台应用，只打开抖音后也能复现出来，因此看起来不像是系统内存耗尽导致，但系统日志却打印出 "no available memory for process id:20779"（当时抖音的 PID），疑似抖音的子进程有内存泄漏，即虚拟机堆内存被耗尽。

由于无法复现该问题，日志信息量非常有限，无法做出进一步定量分析，即无法得知问题现场的进程的内存详细数据，即使和第三方应用厂家建立沟通渠道，但是因为缺乏数据支持，也很难对问题的分析定位提供有效的指导。针对这种情况，系统就只能开发一套监控机制来识别这种场景，一方面可以为分析问题收集更多有效信息，另一方面可以采取主动措施，避免系统卡死。

从上面的分析得出，抖音这一类型的内存泄漏的原因有两种，一种是虚拟机内存泄漏；另一种是 GPU 内存泄漏。考虑到内存泄漏是以进程为单位，而在 Android 框架服务层面统计进程的内存详细信息的效率会非常低，所以这里用到了 LMKD 机制。LMKD 是独立的 Native 进程，通过注册监听内核上报的 PSI 压力值，判断出系统内存压力较大时，以进程为单位做查杀回收。当然，即便如此也不能太频繁，否则会给系统带来额外的 I/O 开销。

由于内存泄漏是个持续累加的过程，一般不会发生脉冲式的变化，所以，即使在内存持续高压时，也没必要过于密集地检查，可以根据实际项目经验，设定单个进程内存占用量的预警门限，比如当某个应用内存占用超过总内存的一半时，我们就认为此时进程内存占用过多，已经严重威胁到系统稳定运行，需要立刻杀掉该进程，使其及时释放内存资源，避免系统持续恶化。

内存耗尽现象在应用开发时也很常见，国内某些大型应用业务非常复杂，本身内存控制技术并不完善，主流 TOP 应用经常出现长时间占用 1G 以上的内存的情况，由于内存释放的滞后性，甚至会导致一些 12 GB 运行内存的机器卡顿，不过好在随着国内各个手机厂家对 Android 操作系统理解的逐步深入，不断地在内核、框架层加入一些主动防御机制，尽可能地快速释放内存或者提前分配好内存，使得这一类问题得到大幅缓解。

3.2.5　内存踩踏案例

在某项目测试版本的模拟用户测试环节，出现多部开机完成后马上死机的现象。测试同事提供了死机 dump 日志，在对 dump 日志分析后发现 3 例死机是一类问题，都是开机 boot_completed 之后，由 keymaster 踩内存导致的随机 KE 死机。下面将其中一份死机 dump 日志的详细分析推导过程分享如下。

先看一下死机堆栈，死机原因是内核无法访问一个非法地址，所以需要查看这个非法地址的来源到底是哪里。

```
[45.122369] Unable to handle kernel paging request at virtual address 5f747598
[45.122528] PC is at update_preferred_cluster+0x7c/0xc0
[45.122542] LR is at 0xffffff
[45.122554] pc : [<c019ef88>]    lr : [<00ffffff>]    psr: 900f0093
[45.122566] sp : c33e3e90  ip : 00000018  fp : c33e3ee8
[45.122577] r10: 0000000a  r9 : 817fce24  r8 : 600f0093
[45.122589] r7 : 5f747570  r6 : cf703480  r5 : c19092ac  r4 : 5f747570
[45.122601] r3 : 0000000a  r2 : 0000000a  r1 : 01312d00  r0 : 817fd3d7
[45.122855] [<c019ef88>] (update_preferred_cluster) from [<c0165a44>]
(try_to_wake_up+0x2b4/0x798)
```

```
[45.122873] [<c0165a44>] (try_to_wake_up) from [<c0165750>]
(wake_up_q+0x5c/0x9c)
[45.122890] [<c0165750>] (wake_up_q) from [<c01fa014>] (futex_
wake+0x1e0/0x288)
[45.122906] [<c01fa014>] (futex_wake) from [<c01fbcfc>] (sys_
futex+0x13c/0x1a4)
[45.122922] [<c01fbcfc>] (sys_futex) from [<c0101000>]
(ret_fast_syscall+0x0/0x54)
```

通过反汇编 pc 追查非法地址 0x5f747598 的来源，可以看到死机位置的代码行和操作如下，非法地址是由 r4(0x5f747570)+ 40(0x28) 得出来的，也就是说 r4 是有问题的，继续追 r4。

```
/android/kernel/msm-4.19/kernel/sched/walt.c: 2822
0xc019ef84 <update_preferred_cluster+0x78>: ldr r1, [r5]
0xc019ef88 <update_preferred_cluster+0x7c>: ldr r2, [r4, #40] ;
```

结合代码和汇编可以看到 r4 来源于 r0，即它的入参 update_preferred_cluster（ struct related_thread_group *grp）。下面需要继续追查 r0 的入参 grp，update_preferred_cluster 函数的代码如图 3-10 所示。

```
0xc019ef10 <update_preferred_cluster+0x4>: cmp r0, #0
0xc019ef14 <update_preferred_cluster+0x8>: beq 0xc019efac
<update_preferred_cluster+160>
0xc019ef18 <update_preferred_cluster+0xc>: mov r4, r0
```

```
2806  int update_preferred_cluster(struct related_thread_group *grp,
2807                  struct task_struct *p, u32 old_load, bool from_tick)
2808  {
2809      u32 new_load = task_load(p);
2810
2811      if (!grp)
2812          return 0;
2813
2814      if (unlikely(from_tick && is_suh_max()))
2815          return 1;
2816
2817      /*
2818       * Update if task's load has changed significantly or a complete window
2819       * has passed since we last updated preference
2820       */
2821      if (abs(new_load - old_load) > sched_ravg_window / 4 ||
2822          sched_ktime_clock() - grp->last_update > sched_ravg_window)
2823          return 1;
2824
2825      return 0;
2826  }
```

图 3-10　update_preferred_cluster 函数

从死机堆栈可以知道，入参 grp 来源于 try_to_wake_up 函数。反汇编这个函数然后结合代码，可以看到 grp 实际是从 task_struct p 中获取的。

```
/android/kernel/msm-4.19/include/linux/compiler.h: 193
0xc0165a2c <try_to_wake_up+0x29c>: ldr r7, [r6, #504] ; 0x1f8
/android/kernel/msm-4.19/kernel/sched/core.c: 2611
0xc0165a30 <try_to_wake_up+0x2a0>: mov r1, r6
0xc0165a34 <try_to_wake_up+0x2a4>: mov r2, r5
0xc0165a38 <try_to_wake_up+0x2a8>: mov r3, #0
0xc0165a3c <try_to_wake_up+0x2ac>: mov r0, r7
0xc0165a40 <try_to_wake_up+0x2b0>: bl 0xc019ef0c <update_preferred_cluster>
```

具体是第 2610 行代码，如图 3-11 所示。

```
2592  /* utility function to update walt signals at wakeup */
2593  static inline void walt_try_to_wake_up(struct task_struct *p)
2594  {
2595          struct rq *rq = cpu_rq(task_cpu(p));
2596          struct rq_flags rf;
2597          u64 wallclock;
2598          unsigned int old_load;
2599          struct related_thread_group *grp = NULL;
2600
2601          rq_lock_irqsave(rq, &rf);
2602          old_load = task_load(p);
2603          wallclock = sched_ktime_clock();
2604          update_task_ravg(rq->curr, rq, TASK_UPDATE, wallclock, 0);
2605          update_task_ravg(p, rq, TASK_WAKE, wallclock, 0);
2606          note_task_waking(p, wallclock);
2607          rq_unlock_irqrestore(rq, &rf);
2608
2609          rcu_read_lock();
2610          grp = task_related_thread_group(p);
2611          if (update_preferred_cluster(grp, p, old_load, false))
2612                  set_preferred_cluster(grp);
2613          rcu_read_unlock();
2614  }
```

图 3-11　在 try_to_wake_up 函数中追查 grp 参数

结合如上汇编代码可以确认，task_struct p 是 r6（0xcf703480）。grp 是从 r6 偏移 504 取出来的，即 grp 是 task_struct 结构体的一个成员变量。下面将 task_struct p 的内存取出来并分析，结果发现 task_struct p 内容被 keymaster64 踩坏。具体分析过程如下，先将 task_struct p 的内存取出来展开，以 task_struct 结构体的形式查看下，如图 3-12 所示，简单匹配下 pid、comm、on_cpu 等一些关键的结构体成员信息，并无异常。

然后尝试以直接内容形式展开这个结构体，发现 task_struct 结构体中有一段数据存在明显异常，将异常数据整理成文本形式如下所示。

```
crash_csh> task_struct 0xcf703480 -x
struct task_struct {
  state = 0x1,
  stack = 0xc33e4000,
  usage = {
    counter = 0x3
  },
  flags = 0x40404040,
  ptrace = 0x0,
  wake_entry = {
    next = 0x0
  },
  on_cpu = 0x0,
  wakee_flips = 0x43,
  wakee_flip_decay_ts = 0x0,
  last_wakee = 0xebc72d00,
  recent_used_cpu = 0x6b3e383c,
  wake_cpu = 0x616d7965,
```

图 3-12　task_struct 结构体

```
cf7034a0:  00000000 ebc72d00 6b3e383c 616d7965    ......-..<8>keyma
cf7034b0:  72657473 203a3436 5f646d63 4b3d6469    ster64: cmd_id=K
cf7034c0:  454e5f4d 45425f57 204e4947 69676562    M_NEW_BEGIN begi
cf7034d0:  3c0a0d6e 656b3e38 73616d79 36726574    n..<8>keymaster6
cf7034e0:  74203a34 42706d65 2e626f6c 3a6e656c    4: tempBlob.len:
cf7034f0:  0d343620 3e383c0a 6d79656b 65747361     64..<8>keymaste
cf703500:  3a343672 6d657420 6f6c4270 656c2e62    r64: tempBlob.le
cf703510:  31203a6e 3c0a0d32 656b3e38 73616d79    n: 12..<8>keymas
cf703520:  36726574 6f203a34 61726570 6e6f6974    ter64: operation
cf703530:  656b3e2d 6f6c6279 656b2e62 3a644979    ->keyblob.keyId:
cf703540:  34363620 38363033 38383339 35393536     664306893886595
cf703550:  37323431 383c0a0d 79656b3e 7473616d    1427..<8>keymast
cf703560:  34367265 656b203a 64695f79 206e6920    er64: key_id in
cf703570:  635f6d6b 6b636568 79656b5f 5f64695f    km_check_key_id_
cf703580:  626d7072 3636203a 36303034 38333938    rpmb: 6643068938
cf703590:  39353638 32343135 3c0a0d37 656b3e38    865951427..<8>ke
cf7035a0:  73616d79 36726574 63203a34 695f646d    ymaster64: cmd_i
cf7035b0:  4d4b3d64 57454e5f 4745425f 64204e49    d=KM_NEW_BEGIN d
cf7035c0:  20656e6f 68746977 74657220 2030203a    one with ret: 0
cf7035d0:  656d6974 6b617420 203a6e65 0a0d3331    time taken: 13..
cf7035e0:  6b3e383c 616d7965 72657473 203a3436    <8>keymaster64:
cf7035f0:  5f646d63 4b3d6469 454e5f4d 50555f57    cmd_id=KM_NEW_UP
cf703600:  817fce24 0000000a 0a0d6e69 6b3e383c    $....in..<8>k
cf703610:  616d7965 72657473 203a3436 685f706f    eymaster64: op_h
cf703620:  6c646e61 31203a65 35373536 30313230    andle: 165750210
cf703630:  37373139 33353238 0a0d3637 6b3e383c    9177825376..<8>k
cf703640:  616d7965 72657473 203a3436 75706e69    eymaster64: inpu
cf703650:  66754274 7461642e 01312d00 00000000    tBuf.dat.-1.....
cf703660:  3038203a 383c0a0d 817fce24 0000000a    : 80..<8$.......
cf703670:  34367265 6e69203a 5f747570 736e6f63    er64: input_cons
```

```
cf703680:  64656d75 3038203a 383c0a0d 79656b3e   umed: 80..<8>key
cf703690:  7473616d 34367265 756f203a 74757074   master64: output
cf7036a0:  6e656c5f 3a687467 0d343620 3e383c0a   _length: 64..<8>
cf7036b0:  6d79656b 65747361 3a343672 646d6320   keymaster64: cmd
cf7036c0:  3d64695f 4e5f4d4b 555f5745 54414450   _id=KM_NEW_UPDAT
cf7036d0:  6f642045 7720656e 20687469 3a746572   E done with ret:
cf7036e0:  74203020 20656d69 656b6174 30203a6e    0 time taken: 0
cf7036f0:  383c0a0d 79656b3e 7473616d 34367265   ..<8>keymaster64
cf703700:  6d63203a 64695f64 5f4d4b3d 5f57454e   : cmd_id=KM_NEW_
cf703710:  494e4946 62204853 6e696765 383c0a0d   FINISH begin..<8
cf703720:  79656b3e 7473616d 34367265 6e69203a   >keymaster64: in
cf703730:  5f747570 676e656c 203a6874 3c0a0d30   put_length: 0..<
cf703740:  656b3e38 73616d79 36726574 73203a34   8>keymaster64: s
cf703750:  616e6769 65727574 6e656c5f 3a687467   ignature_length:
cf703760:  0a0d3020 6b3e383c 616d7965 72657473    0..<8>keymaster
cf703770:  203a3436 7074756f 6c5f7475 74676e65   64: output_lengt
cf703780:  30203a68 383c0a0d 79656b3e 7473616d   h: 0..<8>keymast
cf703790:  34367265 6d63203a 64695f64 5f4d4b3d   er64: cmd_id=KM_
cf7037a0:  5f57454e 494e4946 64204853 20656e6f   NEW_FINISH done
cf7037b0:  68746977 74657220 2030203a 656d6974   with ret: 0 time
cf7037c0:  6b617420 203a6e65 d60a0d31 d6df3400    taken: 1....4..
cf7037d0:  0000000d 00000000 c24fd700 cf66d700   .........O...f.
```

将数据明显异常的内容整理成更易读的形式，具体如下。

```
..<8>keymaster64: cmd_id=KM_NEW_BEGIN begin
..<8>keymaster64: tempBlob.len:64
..<8>keymaster64: tempBlob.len: 12
..<8>keymaster64: operation->keyblob.keyId:6643068938865951427
..<8>keymaster64: key_id in km_check_key_id_rpmb: 6643068938865951427
..<8>keymaster64: cmd_id=KM_NEW_BEGIN done with ret: 0 time taken: 13
..<8>keymaster64: cmd_id=KM_NEW_UPDATE begin
..<8>keymaster64: op_handle: 1657502109177825376
..<8>keymaster64: inputBuf.dat.-1.....: 80
..<8>keymaster64: input_consumed: 80
..<8>keymaster64: output_length: 64
..<8>keymaster64: cmd_id=KM_NEW_UPDATE done with ret:0 time taken: 0
..<8>keymaster64: cmd_id=KM_NEW_FINISH begin
..<8>keymaster64: input_length: 0
..<8>keymaster64: signature_length:0
..<8>keymaster64: output_length: 0
..<8>keymaster64: cmd_id=KM_NEW_FINISH done with ret: 0 timetaken: 1
```

由代码可以明显地看出，这是因为 keymaster64 的内容踩到了 task_struct 结构体中，导致该结构体的一部分数据被踩坏了。最终出错的地址就是从这些被踩坏的数据中读出来的，进而导致内核在访问这些数据时出现死机。至此，问题就比较清晰了，非法地址的最终来源是 keymaster 踩了进程的内存导致的。多抓几个 dump 日志发现出问题的地址都在 0xcf70340a0 附近，从这块地址开始出现 keymaster 日志覆盖问题。从 dump 日志里面搜到如下打印，发现与 TrustZone 有关。

```
TZ App log region register returned with status:0 addr:8f703000 size:4096
```

TrustZone 日志分配的物理地址区域是 0x8f703000 ~ 0x8f704000，在内核启动时，此地址范围并没有被内核设置为保留的内存，内核启动后此区域的物理地址映射到内核的虚拟地址是 0xcf703000 ~ 0xcf704000，正好是内核出现问题的地址范围。为什么内核启动后 keymaster 日志从 0xcf70340a0 附件开始呢？这与日志保存动作有关，至于 keymaster 为什么会出现这个问题，由于芯片厂家的 keymaster 是闭源的，所以只能提 case 跟进由芯片厂家解决。

3.2.6 硬件中断风暴踩内存案例

有些特殊终端需要通过串口方式连接外接键盘，硬件设计挑战非常大，也给上层软件带来一些未知风险。本节介绍某特殊平板在测试过程遇到的一次静置死机案例，现象是终端只要待机一段时间就会突然死机。经过分析，最终锁定是串口键盘的硬件中断出现中断风暴，踩了内核内存导致了死机。下面分享一下问题定位过程。

从日志中发现死机原因是内核无法从地址 0x0000000000000008 上读取数据，导致死机，很明显这是一个非法的地址，因此需要继续追查这个非法地址的来源。

```
[ 9061.976211] Unable to handle kernel read from unreadable memory at virtual address
0000000000000008
[ 9061.976241] Internal error: Oops: 96000005 [#1] PREEMPT SMP
[ 9061.976301] pstate: 60400005 (nZCv daif +PAN -UAO)
[ 9061.976312] pc : __list_del_entry_valid+0x40/0xd0
[ 9061.976317] lr : binder_ioctl_write_read+0x8c0/0x2680
[ 9061.976319] sp : ffffff8015273b40
[ 9061.976321] x29: ffffff8015273b40 x28: 0000000000000000
[ 9061.976324] x27: 0000000000000000 x26: ffffffff11aa0ee20
[ 9061.976327] x25: ffffffaa230a2958 x24: ffffffff11ed01228
```

```
[ 9061.976331]  x23: ffffffff11ed01000 x22: ffffffff11aa0ee48
[ 9061.976334]  x21: ffffffff11aa0ee00 x20: ffffffff1154f8ec0
[ 9061.976337]  x19: ffffffff05a861900 x18: 0000000005f5e100
[ 9061.976340]  x17: 000000000012ce65 x16: 0000000000000000
[ 9061.976343]  x15: b4000078899e7450 x14: 01680000422b9000
[ 9061.976347]  x13: 0000056b818c7531 x12: 0000000034155555
[ 9061.976350]  x11: 0000000000000001 x10: b4000078899e7550
[ 9061.976354]  x9 : ffffffff11aa0ee48 x8 : 0000000000000000
[ 9061.976357]  x7 : 0000000000000000 x6 : ffffffff10d5bb470
[ 9061.976360]  x5 : 0000000000000000 x4 : 0000000000000000
[ 9061.976363]  x3 : 0000000000000000 x2 : ffffffff05a861900
[ 9061.976366]  x1 : 0000000000000000 x0 : ffffffff05a861900
[ 9061.976370]  Call trace:
[ 9061.976374]  __list_del_entry_valid+0x40/0xd0
[ 9061.976377]  binder_ioctl_write_read+0x8c0/0x2680
[ 9061.976380]  binder_ioctl+0x2e0/0xae8
[ 9061.976386]  do_vfs_ioctl+0x6bc/0xfc0
[ 9061.976390]  __arm64_sys_ioctl+0x70/0x98
[ 9061.976396]  el0_svc_common+0x98/0x160
[ 9061.976399]  el0_svc_handler+0x68/0x80
[ 9061.976403]  el0_svc+0x8/0xc
[ 9061.976407]  Code: 54000260 f9400122 eb13005f 540002e1 (f9400514)
```

通过反汇编 pc 追查非法地址 0x0000000000000008 的来源，可以看到死机位置的代码行和操作如下，非法地址是由 x8(0x0)+8(0x8) 得出来的。也就是说 x8 是有问题的，继续追踪 x8。

```
FFFFFFAA2153A588 ___list_d.:stp_____x29,x30,[sp,#-0x20]!___
FFFFFFAA2153A58C            stp      x20,x19,[sp,#0x10]
FFFFFFAA2153A590            mov      x29,sp
FFFFFFAA2153A594            ldr      x8,[x0]
FFFFFFAA2153A598            mov      x2,#0x100
FFFFFFAA2153A59C            mov      x19,x0
FFFFFFAA2153A5A0            movk     x2,#0xDEAD,lsl #0x30
FFFFFFAA2153A5A4            cmp      x8,x2
FFFFFFAA2153A5A8            b.eq     0xFFFFFFAA2153A5E8
FFFFFFAA2153A5AC            ldr      x9,[x19,#0x8]
FFFFFFAA2153A5B0            add      x2,x2,#0x100
FFFFFFAA2153A5B4            cmp      x9,x2
FFFFFFAA2153A5B8            b.eq     0xFFFFFFAA2153A604
FFFFFFAA2153A5BC            ldr      x2,[x9]
FFFFFFAA2153A5C0            cmp      x2,x19
FFFFFFAA2153A5C4            b.ne     0xFFFFFFAA2153A620
FFFFFFAA2153A5C8            ldr_____x20,[x8,#0x8]____
```

从 pc 汇编可以看到 x8 的来源是入参 x0（0xffffffff05a861900），该入参实际是一个 list（链表），即 entry（0xffffffff05a861900）链表。代码位置如图 3-13 所示。

```
38  bool __list_del_entry_valid(struct list_head *entry)
39  {
40      struct list_head *prev, *next;
41
42      prev = entry->prev;
43      next = entry->next;
44
45      if (CHECK_DATA_CORRUPTION(next == LIST_POISON1,
46                  "list_del corruption, %px->next is LIST_POISON1 (%px)\n",
47                  entry, LIST_POISON1) ||
48          CHECK_DATA_CORRUPTION(prev == LIST_POISON2,
49                  "list_del corruption, %px->prev is LIST_POISON2 (%px)\n",
50                  entry, LIST_POISON2) ||
51          CHECK_DATA_CORRUPTION(prev->next != entry,
52                  "list_del corruption. prev->next should be %px, but was %px\n",
53                  entry, prev->next) ||
54          CHECK_DATA_CORRUPTION(next->prev != entry,
55                  "list_del corruption. next->prev should be %px, but was %px\n",
56                  entry, next->prev))
57          return false;
58
59      return true;
60
61  }
```

图 3-13　list_debug 代码截图

通过死机堆栈和代码解析看，这个链表实际是 SurfaceFlinger（PID=881）的一个 binder 进程，即 binder:881_2（PID=950）中的 todo 链表。代码位置如图 3-14 所示。

```
4290        while (1) {
4291            uint32_t cmd;
4292            struct binder_transaction_data_secctx tr;
4293            struct binder_transaction_data *trd = &tr.transaction_data;
4294            struct binder_work *w = NULL;
4295            struct list_head *list = NULL;
4296            struct binder_transaction *t = NULL;
4297            struct binder_thread *t_from;
4298            size_t trsize = sizeof(*trd);
4299
4300            binder_inner_proc_lock(proc);
4301            if (!binder_worklist_empty_ilocked(&thread->todo))
4302                list = &thread->todo;
4303            else if (!binder_worklist_empty_ilocked(&proc->todo) &&
4304                    wait_for_proc_work)
4305                list = &proc->todo;
4306            else {
4307                binder_inner_proc_unlock(proc);
4308
4309                /* no data added */
4310                if (ptr - buffer == 4 && !thread->looper_need_return)
4311                    goto retry;
4312                break;
4313            }
4314
4315            if (end - ptr < sizeof(tr) + 4) {
4316                binder_inner_proc_unlock(proc);
4317                break;
4318            }
4319            w = binder_dequeue_work_head_ilocked(list);
```

图 3-14　binder_thread_read 代码截图

将 x0 的 entry（0xffffffff05a861900）链表展开，从其 prev 成员链表的 prev、next 两

个指针都指向的 entry（0xffffffff05a861900）链表来推断，entry 的 next 成员的正确值应该是 0xffffffff11aa0ee48，但实际却变成了 0，如图 3-15 所示。

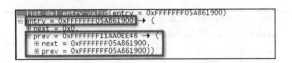

图 3-15　x0 list entry 链表的内容

进一步走查 binder 代码，发现并无代码逻辑问题，同步走查 binder thread 中的其他数据，也都没有发现异常，只有这一个数据是异常的，于是怀疑该数据被改写了，查看该内存位置附近的内存情况，如图 3-16 所示。

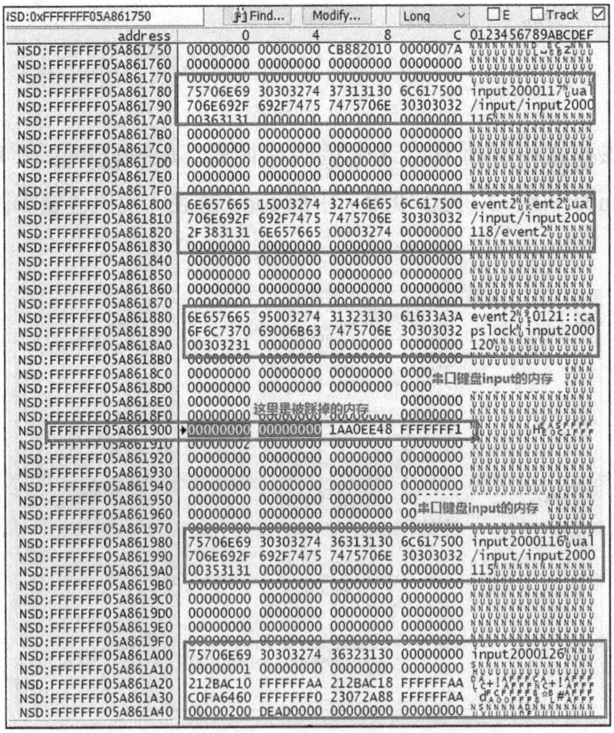

图 3-16　x0 entry 链表附近内存情况

从内存文件中发现新的线索，即被踩内存前后都是串口键盘的输入端（input）的内存，所以大概率是串口键盘输入端踩掉了正常内存，使得 binder 的调用访问到这个内存地址时死机。继续从系统日志中检查与串口键盘相关的日志输出，发现串口键盘在手机灭屏待机一段时间后就开始出现异常，异常的表现是疯狂地发起键盘的断开、连接的硬件中断请求，两个小时内共发起了 200 万次以上，也就是说待机过程中，串口键盘出现了很严重的硬件中断风暴问题。最终通过与驱动、硬件一起改进，解决了硬件中断风暴问题。

3.2.7　其他案例

还有一些相对容易分析出来的死机案例，本节将它们汇总为如下几类。

1.FOTA 升级异常案例

FOTA（Firmware Over-The-Air）是移动终端的空中下载软件升级的缩写，对用户而言就是升级系统版本的过程，这个过程也是比较容易出错的。我本人的一次堵车经历就与 FOTA 升级失败有关，堵车原因是最前方有一辆纯电动小型客车在马路中间进行 FOTA 升级，升级完成后无法开机，整车没法启动，由于是强制升级，整个过程用户无法停止，单击中控屏幕也没反应，最终车被拖走。好在该电动客车的 FOTA 升级是在持续进行，并没有停止，如果是 FOTA 过程中出现死机，那就更麻烦了，相当于整车变砖。FOTA 过程中涉及数据校验动作，如果系统不经过大量测试验证就远程推送升级，那么设备很容易在升级后变砖，而且有时候是无法挽回的。不过随着谷歌近几年提倡的 AB 升级方案的普及，又提出了虚拟 AB 升级的方式，理论上可以避免 FOTA 升级变砖问题，但凡事都没有绝对，AB 升级也有扛不住的时候。

2. 高温死机案例

这里的高温主要是指 CPU 芯片侧的高温，正常使用手机其实很难触发高温，旗舰机打原神游戏可能在一定程度上触发 CPU 高温，但还达不到死机的状态。由于国内对电子产品都有 3C 认证要求，不允许出现高温烫伤，因此一般手机厂家都会采取一些主动控制措施确保手机整机最高温度不能超过国家标准，使得在游戏过程中用户会看到系统弹出高温预警，导致一些基本功能不能用。

随着 2020 年以来 5G 在国内的逐渐普及，手机射频要求也逐步升高，5G 带来了更快的网速，也带来了更多的发热。在一些极端测试场景下，CPU 芯片上的温度往往都能达到 120 ℃以上，这个时候往往就会触发芯片测试硬件电路高温保护机制，使得手机直接关机，这种情况软件干涉是无效的，不同的 CPU 厂家的触发高温保护机制的温度略有不同。

3. 低温死机案例

严格来讲这类低温死机其实不算是死机，毕竟不是系统异常，而是保护措施，它往往与电池有关，有些电池的工作温度不能低于零下 10 ℃，否则当电池电压过低时，系统就会强制关机无法工作，当然这是硬件决定的。不过近年来国产手机在这方面有过一些努力，在一定程度有所改善，方法也比较简单，不过最终考验的还是电池工艺水平。

4. Modem 异常引发死机

高通、MTK、展锐等主流芯片平台的 Modem（调制解调器）对手机厂家来讲都是黑盒，手机系统侧能分析到由于 Modem 侧异常导致的死机，但手机厂家是无法修改的，只能给 SoC 厂家提需求，由芯片厂家修复。

还有一些外设引起的死机，比如 Wi-Fi 模块出现了异常，快充模块本身算法问题或者快充代码空指针，应用栈溢出等，都可能会引发死机问题。

3.3 重启问题案例分析

3.3.1 SurfaceFlinger 内存高占案例

在稳定性测试中经常会出现 SurfaceFlinger 内存占用非常高的情况，有时几百兆，有时超过 1 GB。通过自测发现有些应用会导致 SurfaceFlinger 内存增长。通过 adb shell dumpsys meminfo surfaceflinger 命令查看 SurfaceFlinger 的内存（后来模拟内存泄漏的现场），总内存达到 147 MB，其中 EGL mtrack 部分占 125 MB，这一部分内存主要是图层（下称 Layer）申请给缓冲区 buffer 的部分，如图 3-17 所示。

```
C:\VERSION>adb shell dumpsys meminfo surfaceflinger
Applications Memory Usage (in Kilobytes):
Uptime: 1448707 Realtime: 1448707
                    Pss    Private  Private  SwapPss   Heap    Heap    Heap
                   Total    Dirty    Clean    Dirty    Size   Alloc   Free
                  ------- -------- -------- -------- ------- ------- -------
   Native Heap     9900     9900       0        0       0       0       0
   Dalvik Heap        0        0       0        0       0       0       0
         Stack       52       52       0        0
        Ashmem       60        0       0        0
       Gfx dev     3192     3192       0        0
     Other dev        9        0       8        0
       .so mmap     6323     1404    1280        0
     Other mmap       58       28      28        0
     EGL mtrack   125452   125452       0        0
      GL mtrack     1768     1768       0        0
       Unknown      644      644       0        0
         TOTAL   147458   142440    1316        0       0       0       0

 App Summary
                       Pss(KB)
                      --------
          Java Heap:        0
        Native Heap:     9900
              Code:      2684
             Stack:        52
          Graphics:    130412
     Private Other:       708
            System:      3702

            TOTAL:    147458     TOTAL SWAP PSS:        0
```

图 3-17　SurfaceFlinger 内存占用

通过 adb shell dumpsys surfaceflinger 查看发现，录音机应用持有非常多的 Layer。

```
+ LayerDim 0x76e7d4e000 (Background for - SurfaceView -
cn.XXX.recorder/cn.XXX.recorder.RecordHomeActivity#0)
+ LayerDim 0x76e7d04000 (Background for - SurfaceView -
cn.XXX.recorder/cn.XXX.recorder.RecordHomeActivity#1)
+ LayerDim 0x76e7cfe000 (Background for - SurfaceView -
cn.XXX.recorder/cn.XXX.recorder.RecordHomeActivity#2)
+ LayerDim 0x76e7da5000 (Background for - SurfaceView -
cn.XXX.recorder/cn.XXX.recorder.RecordHomeActivity#3)
...省略相同行45行...
cn.XXX.recorder/cn.XXX.recorder.RecordHomeActivity#49)
+ LayerDim 0x76e76ce000 (Background for - SurfaceView -
cn.XXX.recorder/cn.XXX.recorder.RecordHomeActivity#50)
+ Layer 0x76e7d13000 (cn.XXX.recorder/cn.XXX.recorder.RecordHomeActivity#0)
+ Layer 0x76e7d19000 (SurfaceView -
cn.XXX.recorder/cn.XXX.recorder.RecordHomeActivity#0)
+ Layer 0x76e7c16000 (SurfaceView -
cn.XXX.recorder/cn.XXX.recorder.RecordHomeActivity#1)
+ Layer 0x76e7d82000 (SurfaceView -
cn.XXX.recorder/cn.XXX.recorder.RecordHomeActivity#2)
+ Layer 0x76e7d9c000 (SurfaceView -
cn.XXX.recorder/cn.XXX.recorder.RecordHomeActivity#3)
```

```
...省略相同行45行...
+ Layer 0x76e7691000 (SurfaceView -
cn.XXX.recorder/cn.XXX.recorder.RecordHomeActivity#48)
+ Layer 0x76e76e5000 (SurfaceView -
cn.XXX.recorder/cn.XXX.recorder.RecordHomeActivity#49)
+ Layer 0x76e76ef000 (SurfaceView -
cn.XXX.recorder/cn.XXX.recorder.RecordHomeActivity#50)
```

在这些 SurfaceView 中, cn.XXX.recorder/cn.XXX.recorder.RecordHomeActivity#0 占用 9180 KB 内存, SurfaceView 开头的 Layer 每个占用 1530 KB 内存。可以看到这些 Layer 加起来占用了大量的内存, 一个应用拥有如此多的 Layer 是有问题的, 一般情况下 Activity 到后台或者退出后, 对应的 Layer 就会被销毁, 申请的内存会释放, 这里的关键是分析为什么这个应用会产生这么多 Layer。

经过多次尝试我们终于找到一个复现此问题的必现路径, 经过测试, 发现是自研的录音机应用存在严重缺陷: 打开录音机应用, 点开始录音按钮, 然后停止, 在保存界面按 home 键回到桌面, 第一次回到桌面时 Layer 不会增加, 第二次进入录音机按 Home 键回到桌面时会增加 3 个 Layer, 增加的 Layer 和 cn.XXX.recorder/cn.XXX.recorder. RecordHomeActivity 刚好一一对应, 接着多次循环进入录音机按 Home 键回到桌面的操作, 发现每操作一次都会有相同的现象出现。但是 cn.XXX.recorder/cn.XXX.recorder. RecordHomeActivity#0 这个主窗口的 Layer 只在第二次退出时没有释放, 之后每次应用时都不会创建新的, 所以不随着多次按 Home 键的操作增加。

将该录音应用安装到谷歌手机 Nexus 和小米某机器上发现都存在相同的问题, 说明的确是应用本身的问题。经过尝试发现, 将录音应用界面的 SurfaceView (WaveView) 控件去掉后, 这个 SurfaceView 泄漏就不存在了, 所以确认 SurfaceView 是有问题的。写一个 demo 应用进一步实验佐证, 在主界面 mainActivity 上放一个按钮, 放一个 SurfaceView, 单击按钮后弹出一个对话框, 然后按 Home 键, 再启动应用按 Home 键, 反复执行相同操作, 发现与录音应用出现的现象是完全相同的, SurfaceView 的 Layer 会不停地增加, 放到其他竞品手机上也是一样, 进一步证明这是原生 SurfaceView 逻辑有问题, 最终通过修复原生漏洞得到解决, 这个问题最早遇到的是 Android O 版本, 在 R 及以后的版本中已经没有此问题。

3.3.2 system_server 句柄耗尽案例

该案例是在稳定性测试中遇到多次重启，原因都是由 system_server 句柄（fd）耗尽导致，测试时偶然发现 system_server 的 fd 迅速增长，当时停在微米浏览器界面并弹出"请先赋予应用所需的权限"toast 提示界面。微米浏览器 meminfor 信息如图 3-18 所示，此时应用内存发现 ViewRootImpl 和 Activity 的数量比较大且在不断增长。

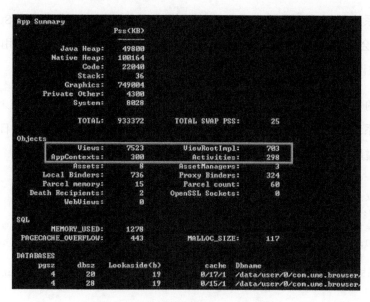

图 3-18　微米浏览器 meminfor 信息

其中 ViewRootImpl 的个数增加主要是由 Toast 和 Activity 数量增加导致的。Toast 实例增加是由于不停地弹新的 Toast，而旧的 Toast 又没有消失，导致堆积比较多。

Activity 较多是由于应用在不停地创建 com.ume.browser/.MainActivity 和 com.ume. browser/com.ume.sumebrowser.BrowserActivity，导致应用在这里存在缺陷，在权限关闭的情况下进入死循环。由于不停地创建新的 Activity，而创建 Activity 时又会创建 inputchanel，会在应用和 system_server 之间建立 SocketPair，所以会导致 system_server 和应用的 socket 的句柄迅速增加。由于 Toast 和 Activity 的不断增加，Surface 也会不停地增加，所以会在应用侧出现大量的 dma buf 的句柄泄漏，同时在 surfaceflinger 侧也会出现 dma buf 和 sync_fence 的泄漏。

分析清楚问题出现的原因后，有两种修复办法，第一种是解决 Toast 核心代码中重复创建的问题，第二种是通过浏览器更新版本后解决在权限关闭时不停创建 Activity 的死循环问题。最后厂家在系统版本侧和浏览器应用侧都分别进行了优化，完美解决了这类问题。

3.3.3 PID 重复使用案例

有时候系统进程重启是因为进程被杀引起的，比如 zygote 进程或者 SurfaceFlinger 进程被杀均会引起系统进程被杀并重启。本节分享一例 PID 被重复使用导致 system server 进程被误杀的案例。

软重启的日志如下，并没有发现有进程崩溃或者 ANR 信息。从低内存杀进程角度分析，事发前系统内存也较为充裕，远远未达到查杀系统进程的级别，内核日志里也没有发现有内存溢出的情况。

```
//软重启发生时间点
12-24 10:55:54.727122  6064  6064 I boot_progress_start: 1871846
//重启发生前adj查杀级别为800，表示系统内存还是较为充裕的
12-24 10:55:53.254532   571   571 I lowmemorykiller: Kill 'com.android.
vending' (5962), uid 10102, oom_adj 985 to free 47880kB
12-24 10:55:53.254637   571   571 I lowmemorykiller: Reclaimed 47880kB at oom_adj 800
```

常规的分析思路无法解释为什么系统进程会重启，好在该问题能复现，分析多个日志的共同点发现，虽然没有直接杀掉系统进程的日志输出，但在系统重启前，都有 LMKD 的相关日志输出，说明问题可能与此有关。比如在上面日志中，重启前 1 s，LMKD 正在执行 PID 为 5962，进程名为 com.android.vending 的进程查杀动作，继续寻找其他线索，发现 Java 层系统服务 AMS（Activity Manager Service）在执行常规的空进程清理过程中，也试图杀掉 5962 进程，只不过时间点上比 LMKD 晚了 470 ms 左右，日志如下。

```
12-24 10:55:53.734445  2534  4070 I ActivityManager: Killing
5962:com.android.vending/u0a102 (adj 995): empty #17
```

那有没有可能是这两个查杀动作冲突导致了问题呢？从平台记录的进程信号发送接

收日志中找到了答案，结合日志分析发现的确是出现了查杀动作的冲突，详细分析如下。

```
//IMKD进程向PID为5962的android.vending进程发送信号量9
IMKD-571    [003] d..1  1870.377032: signal_generate: sig=9 errno=0 code=0
comm=android.vending pid=5962 grp=1 res=0
//该进程收到信号量后退出
android.vending-5962  [000] ....  1870.377197: sched_process_exit:
comm=android.vending pid=5962 prio=120
//system server中的Binder:2534_9线程向pid为5962的进程发送信号量9，这里对应的是上面所述
AMS中执行空进程清理的动作，注意，此时的进程名为Thread-226，已经不是原来的
android.vending进程了，实际上Thread-226目前是system server进程的一个线程
Binder:2534_9-4070  [005] dn.1  1870.862162: signal_generate: sig=9 errno=0
code=0 comm=Thread-226 pid=5962 grp=1 res=0
//Thread-226线程收到信号量后退出
Thread-226-5962  [007] ....  1870.862255: sched_process_exit: comm=Thread-226
pid=5962 prio=120
//system server主线程退出
system_server-2534  [000] ....  1870.862578: sched_process_exit:
comm=system_server pid=2534 prio=118
```

进一步实验，发现对系统进程的子线程执行 kill 操作，确实会引起整个进程被杀，如图 3-19 所示。

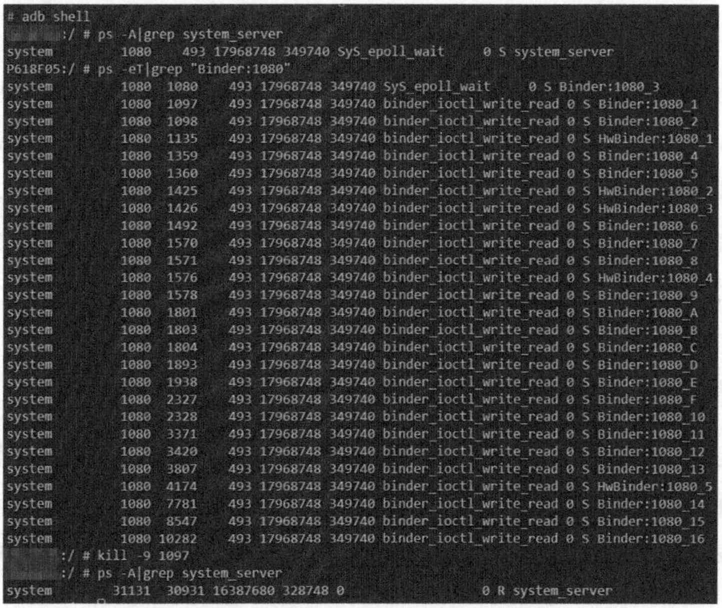

图 3-19　手动查杀系统进程子线程

通过分析和实验过程，已经可以得出结论：PID 的使用在系统比较繁忙的时候出现了条件竞争漏洞问题（如果事件输出的结果依赖于不受控制的事件出现顺序，则称发生了条件竞争（Race Condition）漏洞），即某个进程本来记住了另一个进程的 PID，打算等一会儿再发信号过去，但是因为后者自己提前执行了 exit()，结束了生命周期，同时又有第三个进程分配到了后者的 PID，导致前者给错误的进程发 signal 引发误杀。

Linux 系统的 max PID 的默认配置为 32768，按照当前内核中使用的 PID 分配策略，如果进程线程创建的太多，很快就会分配到最大的 PID 值，此时内核会回头仍然按照从小到大的顺序，重新使用那些已经被释放的 PID。如果这个过程发生得太快、太频繁的话，就可能出现本文中的问题。

这应该算是 Linux 系统的一个通病，其实 Linux 开发者早已意识到了这个问题，提出了文件描述符（这里定义为 pidfd）的概念，并在内核 5.1 上增加了 pidfd_send_signal() 系统调用并把进程 PID 关联到 pidfd。通过打开 /proc 文件系统下的某个进程的目录，就能得到一个 pidfd，可以将它作为指向目标进程的一个引用（reference）。pidfd 在一个生命周期里，只会代表特定的一个进程，PID 可能会被重复利用，但是 pidfd 不会变。用 pidfd_send_signal() 来给目标进程发信号就一定不会误发给别的进程，顶多会发现该进程已经退出从而返回一个错误码。

目前，Android 版本上还没有完全将 PID 的使用替换成 pidfd，所以无法解决该问题。解决思路是在用户空间杀进程前增加一个检查 PID 的动作，如果不是该主进程则认为属于无效查杀线程的行为。通过这种方式，可以过滤掉产生条件竞争漏洞时，重复利用的 PID 被分配给新创建线程的情况。当然，这个方案对于重复利用的 PID 被分配给新创建进程的情况仍然无能为力，但已经大大降低了误杀概率。

3.3.4　预置应用共享系统进程 UID 案例

通过稳定性测试我们发现有很多样机都进入（恢复）模式，又是一个相当严重的案例。从日志中可以看出这是因为名为 system 的进程反复崩溃，导致救援程序（Rescue Party）被触发，从而进入恢复模式。system 进程的 crash 堆栈日志如图 3-20 所示。

从 crash 堆栈日志来看，是 SettingsProvider 在调用 UserManagerInternal 提供的接口

时发生了空指针。SettingsProvider 数据库是在 system_server 进程的启动流程中创建的，而 system_server 进程作为 Android 系统的大管家，在运行过程中应该是独一无二的。那么现在产生异常的 system 进程是什么进程，为什么会产生 UserManagerInternal 的空指针调用呢？

```
04-12 16:27:38.476546 30443 30457 E AndroidRuntime: Process: system, PID: 30443
04-12 16:27:38.476546 30443 30457 E AndroidRuntime: java.lang.NullPointerException: Attempt to invoke virtual method 'void
android.os.UserManagerInternal.addUserRestrictionsListener(android.os.UserManagerInternal$UserRestrictionsListener)' on a null object reference
04-12 16:27:38.476546 30443 30457 E AndroidRuntime:      at
com.android.providers.settings.SettingsProvider.startWatchingUserRestrictionChanges(SettingsProvider.java:869)
04-12 16:27:38.476546 30443 30457 E AndroidRuntime:      at
com.android.providers.settings.SettingsProvider.lambda$onCreate$0$SettingsProvider(SettingsProvider.java:349)
04-12 16:27:38.476546 30443 30457 E AndroidRuntime:      at com.android.providers.settings.SettingsProvider$$Lambda$0.run(Unknown Source:2)
04-12 16:27:38.476546 30443 30457 E AndroidRuntime:      at android.os.Handler.handleCallback(Handler.java:873)
04-12 16:27:38.476546 30443 30457 E AndroidRuntime:      at android.os.Handler.dispatchMessage(Handler.java:99)
04-12 16:27:38.476546 30443 30457 E AndroidRuntime:      at android.os.Looper.loop(Looper.java:192)
04-12 16:27:38.476546 30443 30457 E AndroidRuntime:      at android.os.HandlerThread.run(HandlerThread.java:65)
```

图 3-20　system 进程的 crash 堆栈日志

带着这两个问题，我们先检查了 UserManagerInternal 这个本地系统服务的发布情况，它是在 UserManagerService 的构造函数里发布的，而 UserManagerService 的实例化是在 system_server 启动服务的过程中进行的。这里的空指针调用说明这个 system 进程没有走正常的启动流程，是一个非正常的系统进程。正是因为这个非正常的系统进程，才有了后面一系列异常，下面通过日志进行回溯，看看到底为什么会产生该异常进程，日志中发现有如下进程启动痕迹。

```
04-12 16:25:31.771379  1109  1127 I ActivityManager: Start proc
13255:system/1000 for broadcast pub.res/com.XXX.customwarining.
AntithiefListener
04-12 16:25:35.299049  1109  1127 I ActivityManager: Start proc
13521:system/1000 for content provider com.android.providers.settings/.
SettingsProvider
 04-12 16:25:35.913232  1109  1127 I ActivityManager: Start proc
13642:system/1000 for restart system
04-12 16:25:36.274297  1109  1127 I ActivityManager: Start proc
13696:system/1000 for restart system
......
```

源头在处理某个广播时启动了该进程，检查这个广播接收者的声明文件，发现该进程是运行在 system_server 中的，只有在系统找不到托管进程时才会启动新进程。system_server 进程明明运行得很好，但就是没有找到。在日志里寻找 system_server 异常的线索，在 dumpsys activity 的信息里发现了如下信息。

```
Processes that are being removed:
Removed PERS # 0: ProcessRecord{58f6fd6 6410:system/1000}
```

由代码可知，真正的系统进程被标记为 removed 状态了，这就导致在处理广播时系统误认为自己已经被移除了，所以启动了新的 system 进程。分析到这里，方向就比较明确了，找到哪里把 system server 进程置为 removed 状态即可。在可能将进程标记为 removed 状态的地方增加堆栈打印，然后复现问题，发现是 location 服务的框架代码中发起的调用，代码段如图 3-21 所示。

```java
private void maybeRebindNetworkProvider() {
    synchronized (mLock) {
        if (!isNlpSwitchingSupported()) {
            return;
        }

        String nlpPackageName = getNetworkProviderPackage();
        if (nlpPackageName != null) {
            log("current NLP package name: " + nlpPackageName);
        } else {
            log("currently there is no NLP binded.");
        }

        boolean isUsingGmsNlp = (mGmsLpPkg != null && mGmsLpPkg.equals(nlpPackageName));
        if (!isUsingGmsNlp) {
            mVendorNlpPackageName = nlpPackageName;
        }

        if ((mUsbPlugged != 0 && mWifiConnected != 0 && mStayAwake != 0) || mInTestMode) {
            log("current in test mode, mInTestMode=" + mInTestMode + " mVendorNlpPackageName=" + mVendorNlpPackageName);
            if (!isUsingGmsNlp || nlpPackageName == null) {
                reBindNetworkProvider(true);
            }
            if (!mInTestMode) {
                revokePermissions();
                mInTestMode = true;
            }
        } else if (mMccMnc != null && mMccMnc.startsWith("460")) {
            // in China area
```

图 3-21　location 框架代码发起移除调用

代码逻辑显示，当满足 USB 线插入、Wi-Fi 连接、系统唤醒的情况下，对当前的位置服务提供者做一次撤销权限的操作，然后继续后面的流程，而稳定性测试刚好满足这个条件，所以进入了该流程。但即使是撤销预置的位置服务提供者的权限，也不应该导致系统进程被标记为 removed 状态，进一步查看预置的位置服务提供者的 manifest 文件，发现这个包的 UID 被设置为共享 UID 1000，与系统进程一样。这就能解释清楚了，在撤销权限的过程中，系统会执行一个 kill UID 的操作，将 UID 相同的应用全部杀掉，以保证撤销权限操作的有效性。如图 3-22 所示，在 removeProcessLocked 函数中的划线标记部分，当系统看到 PID 就是自己时，不忍心自杀，结果就只做了 removed 的标记设置，没有执行杀进程操作，于是就出现了这个异常。

```
boolean removeProcessLocked(
        ProcessRecord app, boolean callerWillRestart, boolean allowRestart, String reason) {
    final String name = app.processName;
    final int uid = app.uid;
    if (DEBUG_PROCESSES)
        Slog.d(
            TAG_PROCESSES,
            "Force removing proc " + app.toShortString() + " (" + name + "/" + uid + ")");

    ProcessRecord old = mProcessNames.get(name, uid);
    if (old != app) {
        // This process is no longer active, so nothing to do.
        Slog.w(TAG, "Ignoring remove of inactive process: " + app);
        return false;
    }
    removeProcessNameLocked(name, uid);
    if (mHeavyWeightProcess == app) {
        mHandler.sendMessage(
            mHandler.obtainMessage(
                CANCEL_HEAVY_NOTIFICATION_MSG, mHeavyWeightProcess.userId, 0));
        mHeavyWeightProcess = null;
    }
    boolean needRestart = false;
    if ((app.pid > 0 && app.pid != MY_PID) || (app.pid == 0 && app.pendingStart)) {
        int pid = app.pid;
        if (pid > 0) {
            synchronized (mPidsSelfLocked) {
                mPidsSelfLocked.remove(pid);
                mHandler.removeMessages(PROC_START_TIMEOUT_MSG, app);
            }
            mBatteryStatsService.noteProcessFinish(app.processName, app.info.uid);
            if (app.isolated) {
                mBatteryStatsService.removeIsolatedUid(app.uid, app.info.uid);
                getPackageManagerInternalLocked().removeIsolatedUid(app.uid);
            }
        }
```

图 3-22　removeProcessLocked 函数代码段

3.3.5　system_server 线程泄漏案例

谷歌 Android 大版本升级后，某个项目的稳定性测试出现 system_server 线程泄漏，严重时会引起系统进程阻塞甚至重启。查看线程泄漏时抓出的 ps info 文件，可以看到与正常情况下相比，system server 进程中多出了许多线程池产生的线程。

```
system        1438  2456   902 5025196 293632 futex_wait_queue_me 7dfa940b70 S
pool-3-thread-4
system        1438  2457   902 5025196 293632 futex_wait_queue_me 7dfa940b70 S
pool-3-thread-4  ......
```

在 Android 上有一些对内存阈值的基础限制，可以从 /proc/<PIDof process>/limits 节点读取到阈值的设置，关于这个阈值，各手机厂家的设置略有不同，谷歌这几年把这个阈值设置得非常大，但实际上当线程产生泄漏时可能还没有达到这个标准。线程泄漏往往会伴随着内存以及句柄泄漏，如果不加以限制或者阈值设置过大，系统会产生无法预料的异常。在本章中，我们尝试通过 debuggerd 命令抓取问题出现时的 Native 栈，这些线程的 Native 栈调用信息如下。

```
adb shell debuggerd -b <system_server_pid> > debuggerd_system_server.txt
"pool-5-thread-1" sysTid=32431
  #00 pc 000000000001db6c  /system/lib64/libc.so (syscall+28)
  #01 pc 0000000000069b58  /system/lib64/libc.so (pthread_cond_wait+96)
  #02 pc 000000000003be00  /system/lib64/libRS_internal.so
(android::renderscript::Signal::wait()+84)
  #03 pc 0000000000028a58  /system/lib64/libRSCpuRef.so
(android::renderscript::RsdCpuReferenceImpl::helperThreadProc(void*)+172)
  #04 pc 000000000006a4e0  /system/lib64/libc.so (__pthread_start(void*)+36)
  #05 pc 000000000001f448  /system/lib64/libc.so (__start_thread+68)
```

结合代码搜索，可以看到这些线程是在 RenderScript（以下简称为 RS）模块 Native 层 RsdCpuReferenceImpl.cpp 代码中创建出来的，线程执行函数是 helperThreadProc，这个线程的循环执行体如图 3-23 所示，并不复杂。

```
while (!dc->mExit) {
    dc->mWorkers.mLaunchSignals[idx].wait();
    if (dc->mWorkers.mLaunchCallback) {
        // idx +1 is used because the calling thread is always worker 0.
        dc->mWorkers.mLaunchCallback(dc->mWorkers.mLaunchData, idx+1);
    }
    __sync_fetch_and_sub(&dc->mWorkers.mRunningCount, 1);
    dc->mWorkers.mCompleteSignal.set();
}
```

图 3-23　helperThreadProc 线程的循环执行体

线程不退出的原因有两种可能：一是 mExit 为 false；二是等待不到处理信号。

搜索 helperThreadProc 和 mExit 关键字，线程是在 RsdCpuReferenceImpl 类的 init 函数中创建的，mExit 则是在该类的析构函数中被赋值为 true，所以问题只能是没有收到处理信号。由于问题可复现，通过层层增加堆栈打印，最终定位到问题出现在 rs.destroy() 函数中，如图 3-24 所示。

RS 模块对 Context 的管理流程做了调整，但是为了保证兼容性，API 23 之前版本的应用可以调用 destroy 接口进行释放，但是在此之后的都必须调用 releaseAllContexts 接口进行释放，如果功能实现过程中没有随着 Android 的升级修改为正确的释放接口调用，也没有走真正的释放流程，就会导致线程结束标志没有被置为 true。

```
/**
 * Destroys this RenderScript context. Once this function is called,
 * using this context or any objects belonging to this context is
 * illegal.
 *
 * API 23+, this function is a NOP if the context was created
 * with create(). Please use releaseAllContexts() to clean up
 * contexts created with the create function.
 *
 */
public void destroy() {
    if (mIsProcessContext) {
        // users cannot destroy a process context
        return;
    }
    validate();
    helpDestroy();
}
```

图 3-24　rs.destroy() 函数

3.3.6　内核代码浮点运算内存踩踏案例

本节分享一个典型的内核驱动代码中因不规范地使用浮点运算，导致 system_server 出现 Native 层软重启的案例。这类问题的隐蔽性比较高，也比较难分析。案例是在测试过程中，出现多次 system_server 的 Native 层软重启。这些堆栈有一些共同点：①都是因为访问同一个错误地址 0x3fd999999999999a 导致；②都是在 libc.so 库中出现的问题。其中一次的堆栈日志如下。

```
Timestamp: 2021-11-20 21:30:50+0800
pid: 1140, tid: 2581, name: ConnectivitySer  >>> system_server <<<
uid: 1000
signal 11 (SIGSEGV), code 1 (SEGV_MAPERR), fault addr 0x3fd999999999999a
    x0  00000070ced2afb8  x1  000000741f81c8cb  x2  00000070ced28c20  x3  00000070ced28d80
    x4  000000741f81c8cb  x5  00000070ced28e70  x6  000000741f81d08d  x7  0000000000008e
    x8  3fd999999999999a  x9  3fd999999999999a2  x10 00000070ced28c20  x11 0000000000000001
    x12 0000000000000000  x13 0000000000000040  x14 0000000000000000  x15 00000000705a82f8
    x16 000000741f00db50  x17 000000741efa3084  x18 00000070cdcce000  x19
```

```
00000070ced28c48
     x20 00000000ffffffff  x21 00000000ffffffff  x22 0000000000000010  x23
00000070ced286c0
     x24 000000741f010d22  x25 00000070ced28735  x26 0000000000000002  x27
00000000ffffffff
   x28 000000741f81c8cf  x29 00000070ced28bc0
     lr   000000741efe0920  sp  00000070ced28300  pc  000000741efe219c  pst
0000000080001000
backtrace:
     #00 pc
000000000008d19c  /apex/com.android.runtime/lib64/bionic/libc.so (__
vfprintf+6328) (BuildId: e1e8eb5e5af955a1237062585bcd4103)
      #01 pc 00000000000aa278  /apex/com.android.runtime/lib64/bionic/libc.so
(vsnprintf+184) (BuildId: e1e8eb5e5af955a1237062585bcd4103)
      #02 pc 00000000000772c8  /apex/com.android.runtime/lib64/bionic/libc.so
(__vsnprintf_chk+60) (BuildId: e1e8eb5e5af955a1237062585bcd4103)
       #03 pc 0000000000008854  /system/lib64/libcutils.so (snprintf(char*,
unsigned long pass_object_size1, char const*, ...)+128) (BuildId: 5c56e15e050d
ae7ad3d8743fc17f4088)
        #04 pc 000000000000c8fc  /system/lib64/libcutils.so (atrace_begin_
body+84) (BuildId: 5c56e15e050dae7ad3d8743fc17f4088)
```

先用 bt 命令查看 backtrace，将函数调用关系以及每一帧入口函数对应的代码行数、函数入参数据（没有被编译优化掉的话）都先简单呈现出来，看到的堆栈信息如图 3-25 所示。

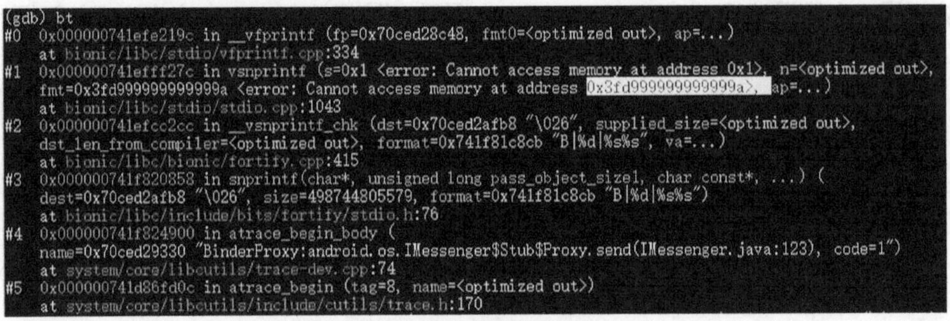

```
(gdb) bt
#0  0x000000741efe219c in __vfprintf (fp=0x70ced28c48, fmt0=<optimized out>, ap=...)
    at bionic/libc/stdio/vfprintf.cpp:334
#1  0x000000741efff27c in vsnprintf (s=0x1 <error: Cannot access memory at address 0x1>, n=<optimized out>,
    fmt=0x3fd999999999999a <error: Cannot access memory at address 0x3fd999999999999a>, ap=...)
    at bionic/libc/stdio/stdio.cpp:1043
#2  0x000000741efcc2cc in __vsnprintf_chk (dst=0x70ced2afb8 "\026", supplied_size=<optimized out>,
    dst_len_from_compiler=<optimized out>, format=0x741f81c8cb "B|%d|%s%s", va=...)
    at bionic/libc/bionic/fortify.cpp:415
#3  0x000000741f820858 in snprintf(char*, unsigned long pass_object_size1, char const*, ...) (
    dest=0x70ced2afb8 "\026", size=498744805579, format=0x741f81c8cb "B|%d|%s%s")
    at bionic/libc/include/bits/fortify/stdio.h:76
#4  0x000000741f824900 in atrace_begin_body (
    name=0x70ced29330 "BinderProxy:android.os.IMessenger$Stub$Proxy.send(IMessenger.java:123), code=1")
    at system/core/libcutils/trace-dev.cpp:74
#5  0x000000741d86fd0c in atrace_begin (tag=8, name=<optimized out>)
    at system/core/libcutils/include/cutils/trace.h:170
```

图 3-25 NE 堆栈信息

将 f0 帧（__vfprintf）反汇编出来，搜索“=>”查询最后的卡死位置，如图 3-26 所示，发现 0x3fd999999999999a 作为地址，既不在用户地址空间，也不在内核地址空间，也就是说这是一个非法地址，是导致软重启的原因。

从图 3-26 的分析可以看出，最后系统最后卡死在从 x8 寄存器加载数据的时候，所以我们继续以 x8 寄存器为线索追查源头，最终确认出问题的源头是在将正确地址（0x70ced28ee0）放入浮点寄存器 q0 后再从 q0 中将地址取出来时，地址变成了 0x3fd99999-9999999a，之后这个错误地址被一直传递下去，直到真正要访问该地址取数据时报错。部分关键汇编分析推导过程如图 3-27 所示。

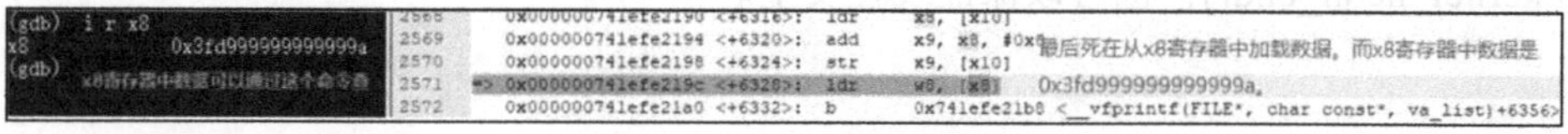

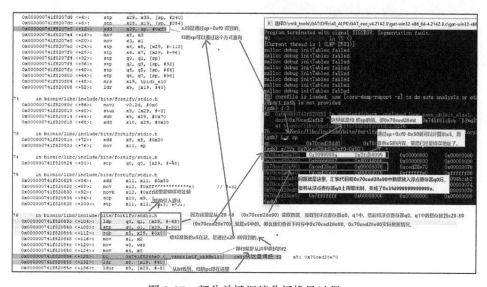

图 3-26　汇编出错位置

图 3-27　部分关键汇编分析推导过程

为什么浮点寄存器 q0 中的数据会发生变化呢？继续排查内核空间中的浮点运算，搜索在哪些地方会使用到浮点寄存器 q0，并将 0x3fd999999999999a（Double 数据表示的是 0.4）这个错误数据传给了用户空间。对内核空间的浮点运算的排查过程又是一个非常有挑战的过程，大致就是将 vmlinux 中的内核代码全部反汇编，然后查找所有使用浮点运算的代码段，逐一地排查。最终查找到的根因是修改内核某功能时新增代码使用了浮点运算，导致出现内存踩踏的情况。

如何预防这类情况？这里分享一下在内核中使用浮点运算时如何保证线程安全的知识。

优先考虑将浮点运算转为整形运算，如将 100×0.4 转为 $100 \times 2/5$ 或 $100 \times 4/10$ 等，这样不涉及真正的浮点运算是安全的。如果业务相关代码必须使用浮点运算，在浮点运算开始前调用 kernel_neon_begin 或者 kernel_neon_begin_partial()，在浮点运算完成后，调用 kernel_neon_end()，也可以保证线程安全。

第 4 章 *Chapter 4*

黑屏问题优化策略与案例分析

本章描述的黑屏与死机问题中出现的黑屏略有差异，本章偏重于系统内核往上的系统框架层和应用层自身引起的一些黑屏案例，通常系统框架引起的黑屏也会引发死机重启或者卡死等问题，甚至一些产线上生产批次带来的影响也会引发黑屏问题。在系统异常方面，比如内存短暂耗尽，系统要回收内存供前台使用，在内存回收过程中就可能出现短暂黑屏，也可能出现偶尔遇到突然点亮屏幕，屏幕会快速闪一下，甚至进入桌面后短暂黑屏的现象；在硬件方面，可能是 DDR 频率不够，或者电压不够，也可能是电流一下子给得太高直接烧掉。最终，损失最小的还是纯软件层的黑屏，毕竟还可以通过升级系统来解决黑屏问题。

4.1 黑屏问题定义和可能的原因

黑屏问题，顾名思义，表象就是手机在各种场景中出现的黑屏现象。

场景不同，黑屏的原因也多种多样，可能是应用运行时加载的内容过多导致内存缓冲不过来，也可能是系统的某个地方出现内存泄漏或者 CPU 调度不够及时导致。从纯软件层面来看，中高端配置的机型出现黑屏的情况相对较少，低配置的机型相对多一些；从排查方向来看，出现黑屏无非是两类原因，一类是某个流程出现异常，系统在需要某些显示资源的时候出现等待情况造成黑屏，出现这类黑屏现象的场景一般比较固定，不一定能很好复现，但通过用户反馈或者测试脚本反复测试可以复现出来，复现出来后需要开发人员具体跟踪某一段场景代码，找到具体阻塞原因并进行修复；另一类是内存不足引起黑屏，出现这种黑屏的场景基本没有任何规律可循，打开某个应用、应用内部跳转或者切换应用都可能会黑屏，解决方案要看机身本身的内存大小。如果本身 RAM 足够，其他应用内存泄漏或者后台应用缓存过多导致可分配的剩余内存极度紧张，就需要解决内存泄漏问题或者下调查杀后台应用的水位情况等，以确保剩余内存够用；如果机身本身内存就很小，比如一些 3 GB 及以下的 RAM，其优化方案则比较有限，核心思路就是把可用内存找出来，严格控制后台驻留应用的数量，并控制后台自启动行为，确保用户正在交互的应用有内存可用，极端情况下甚至还要控制安装应用的数量等。下面将介绍一些具体分析案例。

4.2 黑屏案例

系统侧异常引发的黑屏在开机流程、应用之间切换流程中比较常见，系统侧异常一般比较难处理，定位时间也较长，但通常不会有严重问题，我们通常遇到的黑屏案例更多还是由第三方应用自身的逻辑问题导致的。

4.2.1 开机流程异常案例

某个自研机型在产线生产时出现了开机异常：刚开机时，开机 Logo 显示正常，到开机动画后就立即黑屏；开机后插入 USB 线也有声音，也有 adb 口（即调试端口）；按 power 键可以正常唤醒点亮，有时候按一次可以点亮，有时候需要按多次才能点亮，点亮后，显示 TP 操作等均正常。刚开始黑屏出现概率为 10% 左右，随着生产出的样机数增加，比例飙升到 40%，最终该问题导致产线直接停线。问题的优先级一下子被提到了 TOP 级别，从现象上看手机并没有死机，只是黑屏，需要进一步排查原因，排查流程如下。

1. 怀疑因背光设置为 0 导致显示黑屏

因为开机 Logo 显示正常，且按 power 键可以再次点亮。出现黑屏后，有时候按一次

power 键可以点亮，有时候需要按 2 次。手机开机后先设置不自动灭屏，按一次 power 键能正常灭屏，再次按 power 键正常点亮，说明 LCD 初始化没有问题。最开始怀疑有可能是某个逻辑异常导致背光设为 0 引起黑屏，让产线同事在手机出现黑屏状态时，通过如下命令重新设置背光值，看屏幕能否点亮，但最终验证结果都是黑屏现象依然存在，说明不是背光值的问题。

```
adb shell "echo 255 > /sys/class/backlight/XXXX_backlight/brightness"
```

2. 怀疑开机动画异常或显示数据异常

黑屏也有可能是由于要显示的图层叠加或渲染异常导致要显示的数据成为黑色，显示为黑屏。开机后有 adb 口，通过如下命令截图后，在 PC 上查看图片是正常的。

```
adb shell screencap /sdcard/screen_cap.png
```

从 dump 的 surfaceflinger 的信息也能看出，layer 信息均正常。

```
Display 0 HWC layers:
---------------------------------------------------------------------------
-------------
Layer name
            Z | Window Type | Comp Type | Transform |   Disp Frame (LTRB) |
Source Crop (LTRB)
---------------------------------------------------------------------------
-------------
BootAnimation#0
  1073741824 |              0 |     DEVICE |         0 |    0    0 1080 2460 |
0.0    0.0 1080.0 2460.0
- - - - - - - - - - - - - - - - - - - - - - - - - - - - - - - - - - - - - -
- - - - - - -
```

从日志中看开机动画播放是正常的，开机动画流程也已经正常执行完毕，说明不是开机动画播放异常或者图像数据显示异常导致的。

```
M001286  11-24 08:44:08.698  4579  4579 D BootAnimation: bootanimation_enter :
16571
M001289  11-24 08:44:08.700  4579  4579 D BootAnimation:
BootAnimationStartTiming start time: 16574ms
```

M00128A 11-24 08:44:08.700   4579   4579 D BootAnimation: System Called 1
M00128B 11-24 08:44:08.700   4579   4579 D BootAnimation: Animation debug log
is enabled
M00128C 11-24 08:44:08.700   4579   4579 D BootAnimation:
BootAnimationPreloadTiming start time: 16574ms
S00128D 11-24 08:44:08.703   4579   4579 D BootAnimation: mSoundFileName string
is /system/media/bootsound.mp3,length is 27
M0012A6 11-24 08:44:08.717   4579   4579 E BootAnimation: before allowed,
soundplay
M0012A7 11-24 08:44:08.717   4579   4579 D BootAnimation: playSoundsAllowed
system silent
M0012B4 11-24 08:44:08.863   4579   4579 D BootAnimation:
BootAnimationPreloadStopTiming start time: 16737ms
S0012BA 11-24 08:44:08.906   4579   4600 D BootAnimation: Get Surface mWidth is
1080,mHeight is 2460
M0012BB 11-24 08:44:08.906   4579   4600 D BootAnimation:
BootAnimationShownTiming start time: 16781ms,folder count is 2
M0012BC 11-24 08:44:08.906   4579   4600 D BootAnimation: folder0 pictures
count is 60
M0012DD 11-24 08:44:09.052   4579   4600 D BootAnimation: subtractSelf Surface
xc is 0, yc is 0,xc+frame.trimWidth is 1080,yc+frame.trimHeight is 2460
M0012E8 11-24 08:44:09.081   4579   4600 D BootAnimation:
frameDuration=50ms,this frame costs time=174ms, delay=-124ms

3. 怀疑开机动画图片尺寸问题

用 Android 原生的开机动画替换厂家自定义的开机动画后，发现问题现象消失。二者的差距是，原生动画非常简单，只有两张小图，FPS 也只有 12，于是进一步开始尝试如下操作来实验和复现问题：

1）正常开机后反复播放开机动画资源，未出现黑屏。

2）定制开机动画 FPS 由 20 降到 15、12、8 等，均会出现黑屏。

3）定制开机动画资源图片由 1080×2460 像素缩小到 720×1280 像素，480×960 像素等，均会出现黑屏。

4）定制开机资源图片由 JPG 改为 PNG（Android 原生图片格式是 PNG），会出现黑屏。

5）定制开机动画资源图片缩小到 135×308 像素的 PNG 格式，黑屏现象消失。但稍微放大或缩小图片，又或者把图片转为 JPG 格式，又会出现黑屏现象。

6）将 Android 原生资源图片打包放入定制用的 Zip 资源包里，未出现黑屏。

7）开机延迟播放开机动画，也会出现黑屏。

从上述验证情况看，黑屏问题应该还是与开机动画资源有关联，但是从改变帧率、图片大小以及图片格式来看，暂时得不到明确的定论。而且从开机动画播放和录屏情况看，其开机动画渲染都是正常的。为了找到根因，终极办法就是回退版本，找到问题出现前和问题首次出现的两个系统版本之间的代码修改记录，逐一排查。

回退版本验证，发现只有 B01 版本是正常的，从 B02 版本之后，产线机器就会出现开机黑屏问题，继续缩小范围，将 B01 版本中的 boot.img 文件下载到 B02 里面，黑屏消失。由此判断问题和内核的修改有关。走查代码发现，B01 到 B02 中间，内核中 LCD 的修改可能有 2 处与这个问题有关，第一处是合入 patch 来优化 framebuffer 的大小，第二处是合入解决 30~60 Hz 刷新率的 patch，回退第一个修改，依旧会黑屏，回退第二个修改，黑屏现象消失。

至此，说明黑屏问题与解决 30~60 Hz 刷新率的 patch 相关，追踪发现这个 patch 是 SoC 厂家提供的，需要提需求并跟踪厂家处理流程。但同时还有一个疑问，这个 patch 其实已经合入很久了，为什么最近产线新量产的机器会出现这个问题？后来 SoC 厂家确认了问题，播放开机动画时，某些时钟频率配置错误，导致显示通路异常，问题的根因是该芯片在某个生产批次上进行了优化，而这些优化配置与软件配置参数不符进而导致异常。

4.2.2　界面切换黑屏案例

这个案例是在启动应用或者在应用中不同界面间切换时会出现黑屏，而且不可恢复，灭屏再解锁后，应用界面就能正常显示。

在黑屏情况下先使用 dump window/surface/activity 命令查看应用能否正常启动，然后通过 dump window 命令进一步查看窗口可见性，相关显示如下，可以看到启动的 Activity 的窗口不可见。

```
Window #13 Window{716e211 u0
com.android.settings/com.android.settings.SubSettings}:
```

```
......
Frames: containing=[0,0][1080,2400] parent=[0,0][1080,2400]
display=[0,0][1080,2400]
content=[0,99][1080,2400] visible=[0,99][1080,2400]
decor=[0,0][1080,2400]
......
WindowStateAnimator{bccf942
com.android.settings/com.android.settings.SubSettings}:
isOnScreen=false
isVisible=false
```

继续 dump surface 信息可以看到，当前只显示 StatusBar、NavigationBar 和 FloatAssist，主显示区域没有窗口显示。

```
Display 19261223748205698 HWC layers:
------------------------------------------------------------------------
-------------------------------------------
Layer name
Z | Window Type | Layer Class | Comp Type | Transform |  Disp Frame (LTRB)
|         Source Crop (LTRB) |    Frame Rate (Explicit) [Focused]
------------------------------------------------------------------------
-------------------------------------------
FloatAssist#0
rel    0 |        2038 |       0 |     DEVICE |      0 | 1038  614 1080  806
|    0.0    0.0   42.0  192.0 |                       [ ]
- - - - - - - - - - - - - - - - - - - - - - - - - - - - - - - - - - - - -

StatusBar#0
rel    0 |        2000 |       0 |     DEVICE |      0 |    0    0 1080   99
|    0.0    0.0 1080.0   99.0 |                       [ ]
- - - - - - - - - - - - - - - - - - - - - - - - - - - - - - - - - - - - -

NavigationBar0#0
rel    0 |        2019 |       0 |     DEVICE |      0 |    0 2256 1080 2400
|    0.0    0.0 1080.0  144.0 |                       [ ]
- - - - - - - - - - - - - - - - - - - - - - - - - - - - - - - - - - - - -
```

基于以上信息，可以判断 Activity 没有正常启动，查看日志以了解 Activity 的生命周期是否正常。对照生命周期函数发现应用 Activity 正常启动后，立即进入 pause/stop/destroy 过程。动态打开 Activity 相关日志，查看 Activity 被停止的原因，可以看到如下打印：

```
07-01 09:48:44.541  1714  2255 D ActivityTaskManager: resumeTopActivityLocked:
Going to sleep and all paused
```

这说明系统认为这个应用处于休眠状态，是不允许普通 Activity 启动的；AMS/WMS
中的休眠状态，对应的是 shutdown/screenoff 或者锁屏状态。这些问题基本都是锁屏状态
不对所导致的。

在早期的版本，Android 是通过锁屏状态来判断休眠状态的；后来的版本做了修改，
统一通过 SleepToken 来管理，在 shutdown/screenoff 或者锁屏时，申请 SleepToken，由
系统根据 SleepToken 来判断这个应用是否处于休眠状态。

通过 dump activity 命令可以看到所有栈都处于休眠状态，且系统一直有个 keyguard
的 SleepToken 没有释放。

```
.........
Stack #5249: type=standard mode=fullscreen
isSleeping=true
Stack #5248: type=standard mode=fullscreen
isSleeping=true
Stack #5247: type=standard mode=fullscreen
isSleeping=true
Stack #5245: type=standard mode=freeform
isSleeping=true
mSleepTokens=[{"keyguard", display 0, acquire at 87639378 (2575382 ms ago)}]
mSleeping=true
```

在锁屏 / 解锁时，mSleepTokens 中的记录会相应增加或减少，但遗留的这条记录一
直无法删除。对照代码中 resumeTopActivityLocked 打印处的判断逻辑（这里省掉了部分
代码），关键逻辑如图 4-1 所示。

```
boolean shouldSleep() {
    return (getStackCount() == 0 || !mAllSleepTokens.isEmpty())
            && (mAtmService.mRunningVoice == null);
}
```

图 4-1　mAllSleepTokens 核心判断逻辑

也就是说只要 mAllSleepTokens 不为空，系统就会认为应用处于休眠状态。dump 信

息中的 mSleepTokens 和这里的 mAllSleepTokens 是同时设置 / 清除的，状态一致，因此可以确定是由于没办法清空 mSleepTokens 记录，导致系统认为应用处于休眠状态进而引发黑屏问题。

前面提到在锁屏、解锁时，mSleepTokens 中的 keyguard 的记录会增加。但对照代码，对同一个 hashcode 的记录做了限制，按代码只能增加一条，如图 4-2 所示。

```
SleepToken createSleepToken(String tag, int displayId) {
    final DisplayContent display = getDisplayContent(displayId);
    if (display == null) {
        throw new IllegalArgumentException("Invalid display: " + displayId);
    }

    final int tokenKey = makeSleepTokenKey(tag, displayId);
    SleepToken token = mSleepTokens.get(tokenKey);
    if (token == null) {
        token = new SleepToken(tag, displayId);
        mSleepTokens.put(tokenKey, token);
        display.mAllSleepTokens.add(token);
    } else {
        throw new RuntimeException("Create the same sleep token twice: " + token);
    }
    return token;
}
```

图 4-2　SleepToken 生成方法

tokenKey 是通过 tag+displayId 组成的字符串经过哈希算法生成的，keyguard 设置的 sleepToken hashcode 应该是相同的，理论上只能设置一条记录，从导出来 system_server 的内存看到 sleepToken 结构中并没有 hashcode，怀疑样机上的代码和 AOSP 上的代码不一致，查询修改记录，发现谷歌后来修改过这个问题，描述和问题原因一致。

4.2.3　抖音卡顿黑屏案例

该案例是在抖音看视频时突然卡顿黑屏，过一会儿能自动恢复。

从系统日志中可以看到应用发起了大量 Binder 调用，系统监控到这个异常行为后将抖音应用给查杀了，进而导致黑屏，日志信息如下。

```
06-06  15:14:20.831   1651   1781 I am_kill : [0,14019,com.ss.android.ugc.
aweme:push,915,Too many Binders sent to SYSTEM]
06-06  15:14:20.841   1651   1781 I am_kill : [0,2770,com.ss.android.ugc.
aweme:downloader,935,Too many Binders sent to SYSTEM]
```

```
06-06 15:14:20.851   1651   1781 I am_kill : [0,3056,com.ss.android.ugc.
aweme:pushservice,100,Too many Binders sent to SYSTEM]
06-06 15:14:20.871   1651   1781 I am_kill : [0,2791,com.ss.android.ugc.
aweme:miniapp0,935,Too many Binders sent to SYSTEM]
06-06 15:14:20.901   1651   1781 I am_kill : [0,5345,com.ss.android.ugc.
aweme,0,Too many Binders sent to SYSTEM]
```

被查杀原因从上面可以看到：Too many Binders sent to SYSTEM。

这段代码是在 Android P 版本新增的，目的是对 Binder 的创建与销毁进行管理，如果 Binder 数量超过了 6000，就会回调相应接口，代码片段如图 4-3 所示。对于性能优化而言，通过这段新增的 Binder 数量检查机制，的确可以帮助发现应用中滥用 Binder 的情况，防止系统中出现 Binder 风暴，把 systemserver 堵死，最终导致死机问题。

```
public void onLimitReached(int uid) {
    Slog.wtf(TAG, "Uid " + uid + " sent too many Binders to uid "
        + Process.myUid());
    BinderProxy.dumpProxyDebugInfo();
    if (uid == Process.SYSTEM_UID) {
        Slog.i(TAG, "Skipping kill (uid is SYSTEM)");
    } else {
        killUid(UserHandle.getAppId(uid), UserHandle.getUserId(uid),
                "Too many Binders sent to SYSTEM");
    }
}

    BpBinder* BpBinder::create(int32_t handle) {
        int32_t trackedUid = -1;
        if (sCountByUidEnabled) {
            trackedUid = IPCThreadState::self()->getCallingUid();
            AutoMutex _l(sTrackingLock);
            uint32_t trackedValue = sTrackingMap[trackedUid];
            if (CC_UNLIKELY(trackedValue & LIMIT_REACHED_MASK)) {
                if (sBinderProxyThrottleCreate) {
                    return nullptr;
                }
            } else {
                if ((trackedValue & COUNTING_VALUE_MASK) >= sBinderProxyCountHighWatermark) {
                    ALOGE("Too many binder proxy objects sent to uid %d from uid %d (%d proxies held)",
                          getuid(), trackedUid, trackedValue);
                    sTrackingMap[trackedUid] |= LIMIT_REACHED_MASK;
                    if (sLimitCallback) sLimitCallback(trackedUid);
                    if (sBinderProxyThrottleCreate) {
                        ALOGI("Throttling binder proxy creates from uid %d in uid %d until binder proxy"
                              " count drops below %d",
                              trackedUid, getuid(), sBinderProxyCountLowWatermark);
                        return nullptr;
                    }
                }
            }
            sTrackingMap[trackedUid]++;
        }
        return new BpBinder(handle, trackedUid);
    }
```

图 4-3 Android P 上新增 Binder 数量检测回调

4.2.4 应用逻辑异常导致黑屏案例

该案例是在亮屏状态下，微信无论处于什么界面，用手把摄像头附近的光线传感器挡住，屏幕都会自动灭屏。一般遮挡光感黑屏都是在打电话时自动触发，但这次是在非打电话状态下，从日志中分析，DisplayPowerController 中的接近灭屏功能是生效的（类似于处于通话中的状态），导致接近时灭屏使能。

从传感器方面的日志中暂看不出触发接近灭屏使能的原因，于是需要进一步从系统框架层确认是什么原因导致该功能被使能。

```
11-10 15:01:54.139481    1101    1275 D DisplayPowerController: PM_PROX
setProximitySensorEnabled() enable: false mProximitySensorEnabled: false
11-10 15:02:01.741067    1101    1275 D DisplayPowerController: PM_PROX
setProximitySensorEnabled()  enable: true mProximitySensorEnabled: false
打开接近灭屏
11-10 15:02:01.745200    1101    1275 D DisplayPowerController: PM_PROX
setProximitySensorEnabled()  enable: true mProximitySensorEnabled: true
```

进一步分析日志，发现其中 08:48 有微信注册接近传感器操作，之后一直没有注销，这可能是一个怀疑点。

```
11-10 08:48:14.615614    1101    8398 D SensorService: Enable app: com.tencent.
mm.sdk.platformtools.SensorController, uid:10275, sensor:PROXIMITY
samplingNs:66667000, MaxBatchNs:0 connect:0xb400007772885a30
```

同微信团队沟通确认，当收到接近状态的传感器数据时，微信会注册屏幕亮灭的 wakelock，这时框架会同步收到接近状态，屏幕灭。

从日志来看，微信 8.0.17 版本中 wakelock 的名称发生了变化，说明微信在新版本中还在更新这一部分逻辑，同时很多其他厂家生产的手机机型也在报类似的问题，基本可以确认问题出现在微信内部，后来微信更新到较新的版本后对这个问题进行了优化。

```
11-19 14:24:03.940 - 99910282 - REL wechat:screen multi-talk
8.0.16版本的微信锁的tag为: wechat:screen flutter-Lock
```

4.2.5　锁屏黑屏案例

该案例是某个芯片平台上的一系列项目都集体出现锁屏界面壁纸无法显示背景并出现黑屏，等待 20 s 左右后可以恢复，如图 4-4 所示。

从测试工程师提供的日志中能明显看到锁屏壁纸当时的状态是不可见的，至于为什么壁纸不可见，还需要对黑屏现像出现时 SystemUI 对应的堆栈信息进行深入分析。

```
行 12341: 06-03 12:40:14.235    2399    2399 D XXXService:
longScreenShot,
focusWindow = Window{96aa339 u0 com.android.systemui.
ImageWallpaper}
isFrameFullscreen = true focusWindow.getOwningPackage() =
com.android.systemui
focusWindow.isVisibleLw() = false focusWindow.
isVisibleNow() = false
focusWindow.mAttrs.type = 2013 focusWindow.mAttrs.flags =
0
```

图 4-4　锁屏壁纸未加
载导致的黑屏

由于有多个用户反馈这个问题，是非常严重的故障，但是又无法找到必现场景，最后只能通过编写脚本进行自动化复现。由于用户反馈以及之前复现的上下文都提到在手机重启之后容易出现黑屏的问题，因此自动化脚本的实现思路是不断让手机重启，等重启完成，立刻截图，抓取 dump 日志，导出 dump 日志和截图，重复几次，然后获取系统的日志，之后不停地循环。

脚本运行大约 30 min 之后复现故障，抓取 dump 信息，从 dump 信息可以看出，系统进入了等待状态，进一步分析发现，core/java/android/app/ActivityThread.java 的 acquireProvider 函数中确实有个等待动作，如图 4-5 所示，查看等待时间，确实就是 20 s。

acquireProvider 函数的代码逻辑是：如果相应的提供者已经发布了，那就会从 acquireExistingProvider 函数直接返回相关的提供者，否则就到 AMS 中去获取，如果还获取不到，就会等待 20 s，如果 20 s 后还是获取不到，那么会打印相关的错误信息；如果在等待 20 s 的时间里 provider 发布了，就直接退出。根据异常日志和正常日志对比发现，这里锁屏业务相关的 Provider 发布的时机正好落在了红框代码上面的第二个 if 代码段，导致等待 20 s。清楚了问题所在，修改也比较简单了，提前对该状态的值做个缓存处理即可。

```
7656    @UnsupportedAppUsage
7657    public final IContentProvider acquireProvider(
7658        Context c, String auth, int userId, boolean stable) {
7659        final IContentProvider provider = acquireExistingProvider(c, auth, userId, stable);

7660        if (provider != null) {
7661            return provider;
7662        }

7664        // There is a possible race here.  Another thread may try to acquire
7665        // the same provider at the same time.  When this happens, we want to ensure
7666        // that the first one wins.
7667        // Note that we cannot hold the lock while acquiring and installing the
7668        // provider since it might take a long time to run and it could also potentially
7669        // be re-entrant in the case where the provider is in the same process.
7670        ContentProviderHolder holder = null;
7671        final ProviderKey key = getGetProviderKey(auth, userId);
7672        try {
7673            synchronized (key) {
7674                holder = ActivityManager.getService().getContentProvider(
7675                    getApplicationThread(), c.getOpPackageName(), auth, userId, stable);
7676                if (                                             ) && (holder == null)) {
7677                    userId = 0;
7678                    holder = ActivityManager.getService().getContentProvider(
7679                        getApplicationThread(), c.getOpPackageName(), auth, userId, stable);
7680                    Slog.d(TAG, "acquireProvider(999 fallback to 0) packageName:" + c.getOpPackageName()
7681                        + ",auth:" + auth + ",holder:" + holder);
7682                }
7683                // If the returned holder is non-null but its provider is null and it's not
7684                // local, we'll need to wait for the publishing of the provider.
7685                if (holder != null && holder.provider == null && !holder.mLocal) {
7686                    synchronized (key.mLock) {
7687                        key.mLock.wait(ContentResolver.CONTENT_PROVIDER_READY_TIMEOUT_MILLIS);
7688                        holder = key.mHolder;
```

图 4-5 acquireProvider 函数等待动作代码段

第三部分　续航优化

从智能机开始普及以来，手机的续航能力似乎就都被套上了一个魔咒，那就是大多数手机都需要一天一充才能满足用户的需求，而随着用机时间的增加，甚至经常出现一天两充或者三充的情况，消费者慢慢开始习以为常。同时，随着快充技术的发展，用户似乎慢慢开始觉得续航已经不是那么重要，可是一旦出现紧急情况或者需要外出的时候，单机的续航能力就能带来安全感，毕竟谁都不想自己花几千元购买的手机只能用半天。

很多手机厂家都会根据用户群实际需求去规划一款手机，有时候为了追求快充体验，不得不牺牲电池容量，但如果系统对用电需求管控得不够好，反而会加重续航压力，好在从 2020 年开始不断有手机厂家开始尝试 5000 mAh 的大电池手机，能在硬件上提升一些续航能力，不过硬件方面从出厂那天起就固化了，更多的续航提升方案还是需要软件系统来负责优化。续航优化的基础是各个硬件工作起来的时候本身没有异常，不能有器件发生严重的漏电，否则就会有天生缺陷，这对于后续软件优化续航是致命的，有时候软件细抠出来的电量可能还不够硬件 1 h 的用电量。在保证硬件电流基本正常后，大有可为的地方是系统软件层面的优化。一方面系统要能精打细算地调度各种外部设备，比如哪些情况下屏幕亮度调整到多少，能既保证用户看清屏幕又不至于屏幕过亮造成浪费；另一方面是系统如何管控各种三方应用对各种外设的疯狂使用造成的耗电，这也是最复杂的部分，可能不同版本应用的耗电行为都会不同，系统要想以不变应万变几乎不可能，因此这也是为什么手机要不断更新版本，或者用户两年前买的手机，在安装当前的应用以后，感觉耗电更严重。当然，更优秀的系统应该是无论用多久，都能管控好应用的各种异常行为，最终给消费者一个非常好的续航体验。

外设功耗优化策略与案例分析

自从谷歌推出 Android 操作系统以来，大部分智能机的续航能力就一直处于一天一充的水平，后来系统迭代升级后手机支持的功能越来越多，网络制式从 3G 升级为 5G，运行内存容量也从 2GB 提升到 16GB，存储空间甚至从 32GB 升级到 1TB，屏幕显示效果越来越好，刷新率越来越高，芯片的处理能力也越来越强，这些都得益于手机产业的全面升级，给手机用户带来了非常好的用机体验，但功耗续航问题始终没有得到解决，不过这也反向刺激了快充技术的高速发展。本章开始将重点分析如何优化手机的基础功耗，介绍续航优化相关的系统策略，以及三方应用本身应该在哪些维度为省电做一些贡献。

5.1 功耗基础

在手机发展的初期就有人指出过，未来手机的发展取决于数据传输的速度和手机的续航能力。移动互联网发展到了中后期，5G 的普及解决了网速的问题，手机里各种应用以及各种外设的升级也让手机逐渐成为消费者离不开的移动终端设备，但几乎所有与消费者息息相关的功能都需要联网、定位等信息，这些都会影响手机的续航能力。

导致整机续航差的原因有很多，比如手机待机状态下功耗就很高，通话时间比较长，上网时间长，蜂窝网信号不够好，GPS 定位多，LCD 功耗高，后台各种软件疯狂运行，电池效率不够高等。手机中的功能增加，使用频次也就不断增加。据统计，正常白天使用时，手机两次灭屏时间基本不会超过 15 min，很多重度用户甚至会缩短到 5 min，每天解锁手机的次数高达上百次，因此这对手机使用过程中的续航优化提出了巨大的挑战。要全面优化手机的待机时间，首先要保障手机的基础硬件功耗不能出问题，这里会用到 PowerMonitor，相信大家应该不会太陌生，它是测试硬件基础功耗必备的工具。

5.1.1 基础电流分类

正常摸底测量是对 3 种电流进行测量，包括待机电流、灭屏电流、亮屏电流，具体定义如下。

1）待机电流：飞行模式下待机电流和平均电流，不同的 SoC 平台给出的参考值通常不同，具体电流值的高低要充分参考 SoC 平台对应的标准文档；飞行模式下亮屏待机的电流也需要测量，可以选择桌面首个界面进行测试，屏幕亮度分别选最暗和最亮两种情况。

2）灭屏电流：包括灭屏后各种网络模式下打电话时的工作电流，或者听音乐时的电流等。

3）亮屏电流：这种电流最复杂，能想到的场景都可以测一测，不过一般主要测试与网络业务相关的场景，甚至很多时候要结合基站相关的参数进行测量。

手机出厂前产线还要做一些与功耗相关的基本功能验证，至少需要包括如下四项验证。

❑ CPU 能否正常进入低功耗模式。
❑ 如果要启动海运，还要测试海运模式（Ship Mode）能否正常进入，且电流是否足够低。
❑ Wi-Fi/ 蓝牙等功能和功耗是否正常。
❑ 插入 SIM 卡后是否能注网成功，是否能正常待机等。

5.1.2 系统软件与功耗的关系

手机的软件其实分为 Android 系统侧（也叫 AP 侧）软件和 Modem 侧软件两个部分。

Modem 侧软件一般都是 SoC 厂家闭源的；AP 侧可以理解为 AOSP 能编译出来的部分，包括各类外设和操作系统侧的纯软件部分，例如 LCD、各种传感器、通话应用、短信应用等。Modem 侧很好理解，是指与数据业务相关的软硬件，比如 Modem 芯片、射频器件等；还有一部分软件是 WCN/Wi-Fi，主要是指与 Wi-Fi 相关的部分，通常这里出问题的可能性较小。

系统进入休眠状态后一般有三种模式：第一种是 HALT 模式，是指正常工作下的非省电模式；第二种是 VDD_min 模式，这也是最省电的模式；第三种是介入二者之间的 CXO_shutdown 模式。系统进入哪种模式（HALT、VDD_min、CXO_shutdown），取决于上面介绍的 AP、Modem 和 WCN 三个部分的投票机制，比如 AP 可以休眠，但是 Modem 没休眠，按 AP 也会保持唤醒状态，一旦 AP 处于唤醒状态，就意味着系统是活跃的，哪怕屏幕不亮，也是比较费电的，如果系统最终进入深度休眠状态，CPU 才会间歇性地下电，甚至进入一个低功耗状态。如果要进入深度休眠，LCD 要灭屏，同时 AP 侧所有唤醒锁都要释放掉。唤醒锁顾名思义是指只要这个锁存在，手机就基本不可能进入深度睡眠，一般上层应用在 AP 侧的持锁行为主要分为两种——Partial 和 Unpartial，大部分情况通过 PID 就可以确认应用的名称，然后通过日志文件来辅助确认持锁情况。各类型的唤醒锁对比情况如表 5-1 所示。

表 5-1　唤醒锁对比

AP 锁	是否为 Partial 锁	CPU 是否运行	LCD 是否点亮
PARTIAL_WAKE_LOCK	是	是	无要求
PROXIMITY_SCREEN_OFF_WAKE_LOCK	否	否	灭屏
SCREEN_DIM_WAKE_LOCK	否	是	亮屏
SCREEN_BRIGHT_WAKE_LOCK	否	是	亮屏
FULL_WAKE_LOCK	否	是	亮屏

一旦应用持有唤醒锁，系统就一直无法休眠，可以通过 adb shell dumpsys power 命令进行查看，比如播放一个 MP4 文件时的持锁情况如图 5-1 所示，其中就有 PARTIAL_WAKE_LOCK 类型的锁，这就意味着系统无法休眠。

从图 5-1 中可以看到 PowerManagerService 持锁总共有四类：第一类是 Wakelocks，

一旦持有，系统就无法进入休眠状态；第二类是用于显示的 Display；第三类是与亮屏流程相关的 Broadcasts；第四类是与无线充电相关的服务，影响系统休眠的主要是第一类。

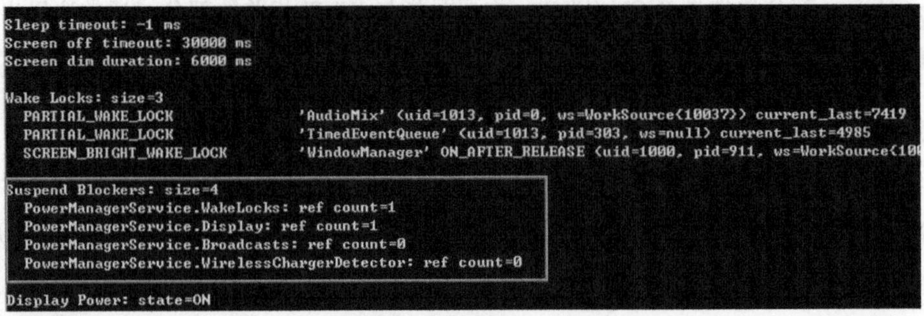

图 5-1 播放 MP4 文件案例

再来看一下硬件设备与功耗的关系，一般通过仪表来测量电流值，项目初期的硬件很可能出现漏电情况，要先确保底电流是正常的，确保硬件没有漏电，灵活一些的硬件可以通过插拔器件来对比确认是否漏电，还需要检查通用输入/输出接口（GPIO）表来确认是否有设备管脚配置错误的问题，通常由硬件工程师根据软件工程师提供详细的配置清单进行确认。顺带提一下，有些硬件设计对散热的考虑不够周全，如把控制温度的传感器放在热源附近，从而给后面软件调试温控带来无法挽回的技术障碍，当出现这种不可逆的设计时，设计师往往需要重新设计温控方案。一般不建议把温控传感器放在CPU、Camera 模组、电池连接器等器件的附近，尤其要注意主板背面是否有其他热源的干扰。

5.1.3 国家 3C 发热标准解读

最后提一下国家相关的功耗国标要求。我国主要通过 3C 认证来规定电信终端设备的功耗和发热的安全性，3C 认证全称为"中国强制性产品认证"，英文名称为 China Compulsory Certification，英文缩写为 CCC。它是我国为保护消费者人身安全和国家安全、加强产品质量管理、依照法律法规实施的一种产品合格评定制度。注意，这是一个强制性标准，如果产品不符合这个标准，就意味着是"三无"产品，是不允许在中国市场售卖的。

电信终端设备是首批强制认证规定范围的第十一条中的一个单项，对于发热，需要关注的标准是整机最高温度。2020 年，国家发布了新的标准，要求整机最高温度不得高于 48 ℃，而在老的 3C 标准中要求温度不得高于 60 ℃，也就是说对终端设备的最高温度要求降低了 12 ℃，这对手机温控提出了很大的挑战，将对硬件设计和软件的管控策略产生很大影响。

从全国标准信息公共服务平台了解到，2022 年 7 月 19 日发布了 3C 安全标准 GB 4943.1—2022。一般新标准正式发布后，会有 12 个月的过渡期，过渡期内可以沿用老标准；12 个月之后，新标准正式实施，老标准废除，产品需要满足新标准。其实自 2021 年开始，国内手机厂家都已经开始按照新的 3C 标准来控制手机最高发热温度。

5.2　外设功耗问题优化策略

外设功耗优化大致分为两大部分：第一部分是确保硬件工作时没有漏电的情况，保证每个器件工作起来的时候电流都是符合预期的；第二部分是确保叠加场景后硬件基本工作电流正常。

第一部分优化工作通常是基于搭配非常早期的版本和手机刚试产的样机来进行，硬件工程师会逐项检查每个硬件的基本工作电流有没有泄漏情况，比如手机关机后工作电流是多少，是否符合预期。读者可能会问，为什么关机了还有电流？手机关机其实并不意味着整机完全下电，关机后其实芯片只是进入了一个低功耗模式，甚至在启动海运模式的时候，比如需要优先确保海运模式能生效而且工作电流能符合芯片厂家给的电流文档指引要求。

一般拿到首批装机以后，就可以开展基础功耗调试动作。通常各手机厂家都会有一些自测用例，比如输出飞行模式下工作电流、插入现网卡后工作电流、LCD 不同颜色各种亮度下的工作电流是否正常等，最后生成一个完成的检测列表，如表 5-2 所示。然后，检测软件版本中一些与功耗优化相关的配置项是否配置成功并生效，比如系统是不是真的能进入深度睡眠状态，同时要继续检查各种管控白名单等。如果运营商有特殊要求，还要检查是否满足运营商特殊要求。最后，检查国家 3C 标准能否准确触发，这是底线。

其实还有最后一个最关键，也是持续时间最长的步骤，即进入真正的硬件测试阶段，根据各种场景测试工作电流，逐步分解。

表 5-2 基础场景电流测试用例举例

序　号	模　块	序　号	模　块
1	飞行模式待机电流	6	指纹工作电流
2	现网开 / 关数据短待机电流	7	Wi-Fi 工作电流
3	白屏 / 黑屏电流	8	音频工作电流
4	拔屏电流	9	各运营商通话工作电流
5	现网亮屏待机电流	10	现网长待机工作电流等

第二部分是叠加场景下的电流测试，会更加复杂，参考场景如表 5-3 所示。比如，检测在游戏王者荣耀中放大招和在河道行走时的电流差异是多少，或者检测在微信视频时电流功耗是不是超出规定值较多等。在这种情况下，有了测试结果后需要进一步分解电流，比如微信视频的电流功耗高，可以将电流分解为相机默认预览界面下的电流数据，数据网络下的待机电流数据，微信放前台的待机电流数据等多个维度，然后再次进行测试，找出差距原因。

表 5-3 复杂场景电流测试用例举例

序　号	模　块	序　号	模　块
1	王者荣耀在数据网络下的电流	3	抖音在数据网络下的电流
2	王者荣耀在 Wi-Fi 网络下的电流	4	抖音在 Wi-Fi 网络下的电流

5.3　外设功耗优化案例

了解功耗优化的基础知识后，本节重点介绍外设功耗优化的具体案例，包括整机底电流的优化、屏幕本身工作电流的优化等。

5.3.1　底电流优化案例

优化整机功耗的基础就是确保底电流是正常的。什么是底电流？它是指在上层软件几乎不工作的状态下，给手机中所有硬件上电以后，整机消耗的电流。如果底电流偏高，那就意味着最基础的硬件电流有问题，通常是某个硬件漏电或者驱动原因导致某一路电没有得到正确释放。本节将介绍一些比较常见的引起底电流偏高的案例，首先要有一个基本认识，底电流最好充分参考 SoC 厂家给出的参考值。一般 SoC 文档里会写一个区间，比如某个平台的 SoC 的平台机（也叫作金机）的底电流是 3.43~4.7 mA，做得好的厂家可以冲刺对标最小值，不过一般很难做到，能做到一个中位数就很不错了。有时为了抢旗舰平台首发，手机厂家往往来不及对手机做多轮调试就发售出去，导致续航上存在问题，当然如果时间来得及，工程师们或者手机厂家还是愿意调到最优的。

结合底电流的定义，追查底电流异常的方法就很清晰了。对系统而言，首先必须要能进入休眠状态，否则完全没办法调试，这一步相对简单，但很容易被一些初创团队忽略掉。接着开飞行模式，灭屏静置手机，确保系统能正常休眠以后，再开始观察电流表上的电流值是否符合预期，一切正常后还要继续插卡注网，查看待机情况下基础电流是否异常。

比如打开飞行模式后待机底电流高，一般可能有三种主要原因：第一种是平台休眠流程出现问题，整个平台都没有正常进入休眠状态；第二种是某个子系统无法进入低功耗状态，比如内核中有个蓝牙持锁导致蓝牙芯片无法休眠；第三种是外围器件或者 GPIO 口存在漏电，比如某个电阻漏电，这种情况用电流表逐一排查还是比较容易发现的。针对这三种问题的排查方法依次介绍如下。

1. 平台休眠流程问题排查方法

平台正常休眠时，一般会在内核日志中打印完整的休眠流程，这个打印是 Linux 内核的打印（高通、MTK、展锐的打印内容大致相同）。

平台成功进入休眠打印：

```
[10-22 12:53:21.175] [1][6407: Binder:755_2]Disabling non-boot CPUs ...
```

平台成功退出休眠打印：

```
[10-22 12:53:22.474] [0][6407: Binder:755_2]Enabling non-boot CPUs ...
```

以上两个打印之间，就是 AP 侧的一个休眠时段，如果在测试的目标时段中没有查到类似的日志信息，说明平台在这段时间没有进入休眠状态，一般是由长持锁、频繁持锁或频繁中断导致的，可以在该时段搜索关键字"PM:"来查看内核层是否启动了休眠流程，如图 5-2 所示。

```
[10-22 12:56:34.596] [3][6407: Binder:755_2]PM: suspend entry (deep)
[10-22 12:56:34.596] [0][7269: kworker/u16:21]PM: Syncing filesystems(OEM)...
[10-22 12:56:34.604] [0][7269: kworker/u16:21]sync done(OEM).
[10-22 12:56:34.848] [1][851: motor@1.0-servi]Freezing user space processes ...
[10-22 12:56:34.848] [1][851: motor@1.0-servi]aw8646: aw8646_poll: 218 Poll enter
[10-22 12:56:34.868] [3][6407: Binder:755_2]PM: Wakeup pending, aborting suspend
[10-22 12:56:34.868] [3][6407: Binder:755_2]WAKE_LOCK:last active wakeup source: qrtr_0
[10-22 12:56:34.868] [3][6407: Binder:755_2]Freezing of tasks aborted after 0.022 seconds
[10-22 12:56:34.868] [3][6407: Binder:755_2]OOM killer enabled.
[10-22 12:56:34.872] [1][851: motor@1.0-servi]Restarting tasks ...
[10-22 12:56:34.872] [1][851: motor@1.0-servi]aw8646: aw8646_poll: 218 Poll enter
[10-22 12:56:34.884] [3][6407: Binder:755_2]done.
[10-22 12:56:34.884] [3][6407: Binder:755_2]unsupported property 46
[10-22 12:56:34.884] [3][6407: Binder:755_2]thermal thermal_zone98: failed to read out thermal zone (-61)
[10-22 12:56:34.884] [3][6407: Binder:755_2]PM: suspend exit
```

图 5-2　内核层休眠流程

图 5-2 中从"PM: suspend entry"开始，到"PM: suspend exit"结束的整个过程就是内核尝试进入休眠的一个完整过程，继续往下分析可以看到"Wakeup pending, aborting suspend"，说明有锁阻止了本次休眠，原因在于下一行有打印，是在休眠过程中发现 qrtr_0 持锁，具体是哪个模块什么原因拿这个锁，还需要从其他日志里查找根因。如果在内核日志中没有看到"PM: suspend entry"或"PM: suspend exit"信息，则说明框架层没有发起休眠流程，原因一般是框架层或者某个应用有长持锁，可以在系统级别高一些日志里寻找线索。

2. 平台能正常进入 suspend，但子系统无法进入低功耗状态

首先在内核日志中查找"enter Vdd min"，如果失败，说明有子系统没有进入 Vdd min 状态。此时日志里会打印出各子系统的休眠次数，如果某个子系统的计数相比上一次打印没有增加，则说明这段时间该子系统没有进入 Vdd min，可以通过如下命令查看详情。

```
adb shell cat /sys/power/rpmh_stats/master_stats
```

执行结果如下。

```
APSS
        Version:0x1
        Sleep Count:0x1505
        Sleep Last Entered At:0x56aaa29c0
        Sleep Last Exited At:0x56ab17faf
        Sleep Accumulated Duration:0x48af55ec5

MPSS
        Version:0x1
        Sleep Count:0x3e
        Sleep Last Entered At:0x512d4eb01
        Sleep Last Exited At:0x512d04f2c
        Sleep Accumulated Duration:0x4a4699fa8

ADSP
        Version:0x1
        Sleep Count:0x7c4
        Sleep Last Entered At:0x51242e80f
        Sleep Last Exited At:0x5124043d4
        Sleep Accumulated Duration:0x52c28b793

ADSP_ISLAND
        Version:0x1
        Sleep Count:0x796
        Sleep Last Entered At:0x51242e80f
        Sleep Last Exited At:0x5124043d4
        Sleep Accumulated Duration:0x52b7aae4a

CDSP
        Version:0x1
        Sleep Count:0x5e
        Sleep Last Entered At:0x15d14e1f4
        Sleep Last Exited At:0x15d14afd5
        Sleep Accumulated Duration:0x5378c7bbf
```

如果这一步有问题，则基本可以确定是某个子系统工作异常，需要进一步判断是哪个子系统异常，找出对应子系统不休眠的原因，如果各个子系统都已经休眠，再检查时钟的休眠情况，以确认是哪个时钟或线性电源在休眠时没有下电。可以通过 dmesg 命令导出相关信息，优先检查是否有器件占着主时钟。正常的时钟如下，如果有多余的时钟占用，需要先解决这个问题后再解决底电流问题。

```
09-05 09:17:57.969 15279 15279 I Enabled clocks:
09-05 09:17:57.970 15279 15279 I           : gcc_video_xo_clk [0]
```

```
09-05 09:17:57.970 15279 15279 I           : gcc_video_ahb_clk [0]
09-05 09:17:57.970 15279 15279 I           : gcc_pcie_0_clkref_en [0]
09-05 09:17:57.970 15279 15279 I           : gcc_gpu_cfg_ahb_clk [0]
09-05 09:17:57.970 15279 15279 I           : gcc_disp_xo_clk [0]
09-05 09:17:57.970 15279 15279 I           : gcc_disp_ahb_clk [0]
09-05 09:17:57.970 15279 15279 I           : gcc_camera_xo_clk [0]
09-05 09:17:57.970 15279 15279 I           : gcc_camera_ahb_clk [0]
09-05 09:17:57.970 15279 15279 I           : Enabled clock count: 8
```

如果时钟正常，但底电流还是高，则需要进行 dump 解析，查找是哪个资源导致没有进入休眠状态，很多情况下可能还需要找硬件工程师拉一些飞线短接来做复测验证。

3. 其他部件电流异常排查

如果进入 Vdd min 状态没有问题，本着减少工作量的原则，可以先检查可插拔外围器件。方法很简单，就是在稳定待机状态下，将屏幕、指纹锁、子板、相机等有排线插口的器件依次拔除，观察电流是否下降，一般如果观察到 0.5 mA 以上的差异就需要联系相应的驱动工程师来解决。如果拔除全部可插拔器件后电流依然较高，就需要检查 GPIO 状态是否正常，是否漏电。一般主要的漏电都发生在输出口，输入口即使有漏电也很少。最常见的是输出低而且外部上拉电阻漏电较多，改动之后有较大优化效果。另外，GPIO 配置表上都有休眠时应该配置的状态，但一般情况下大部分都不符合配置，可以重点关注漏电可能性较大的 GPIO 接口。如果以上几步排查都没有问题，就只能由负责硬件的同事来做具体的电流分解了。一般可能的原因有三种：第一种是不可插拔器件漏电，如 smart PA 芯片、NFC 芯片等；第二种是芯片批次差异，通过不同批次装机的机头做验证即可；第三种是硬件设计问题，这种问题出现的概率较小，不过一旦出现，基本没有挽回的余地。接下来介绍 3 个底电流优化的案例。

案例 1：待机状态下电流毛刺多，如图 5-3 所示。问题是手机如果轻微晃动时，就没有这么多的毛刺，见左边的框①；静置不动时，反而功耗特别大，见右边的框②。其实问题相对比较聚焦了，说明该问题与传感器相关，而且很可能与手势动作类场景有关，最终发现是加速度传感器异常。

案例 2：手机无法进入睡眠，问题是下载新版本到手机后整个系统无法进入深度睡眠，但是拔掉屏下指纹锁后，电流恢复正常，最后发现是屏下指纹锁持锁异常，如图 5-4 所示。

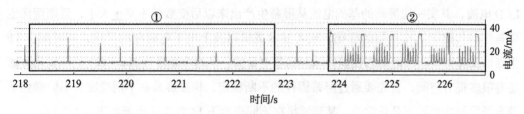

图 5-3　加速度传感器异常

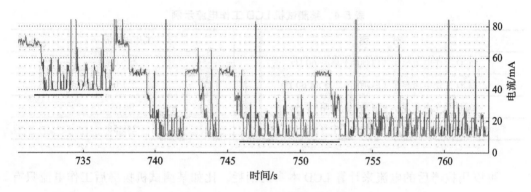

图 5-4　屏下指纹锁持锁异常

案例 3：手机进入睡眠后，触摸屏幕后电流抬高，如图 5-5 所示，属于触摸屏异常。

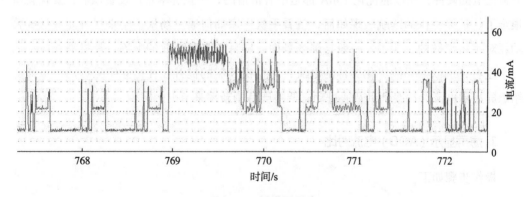

图 5-5　触摸屏异常

5.3.2　LCD 电流优化案例

在前文 1.2.6 节详细介绍了 LCD 的基础理论，本节重点介绍从哪些维度可以优化

LCD 电流，其实一块屏幕的基础电流从屏幕生产出来以后变数就不是很大了，后期调优主要是驱动代码里工作机制的优化，或者显示逻辑以及上电下电时序的优化，同时配合 TP 报点以及屏幕刷新率的动态控制，以起到节电目的。从这个角度而言，LCD 电流优化方面还有很多提升空间，首先要通过屏幕固件的不断稳定，保证屏幕在不同亮度、不同颜色下静态场景的功耗数据是正常的。某测试机在不同亮度下 LCD 工作电流如表 5-4 所示。

表 5-4　某测试机 LCD 工作电流示例

分　类	工作电流 /mA
LCD 工作电流显示（白画面）最亮 60 Hz	416.06
LCD 工作电流显示（白画面）200 nit 60 Hz	211.06
LCD 工作电流显示（白画面）最暗 60 Hz	96.08
LCD 工作电流显示（白画面）中等 60 Hz	249.56

可以用拔屏后的电流来计算 LCD 本身的消耗，比如某测试机拔屏后工作电流只有 20 mA，每个样机个体有略微差距，一般相差不大。针对 LCD 本身功耗的优化，手机厂家能做的内容不多，大部分都是测量出问题后转交给屏幕厂家去改善。有时候为了保证屏幕显示效果，屏幕厂家会选择适当增加屏幕的功耗，反而更耗电，但屏幕毕竟是手机上最耗电的硬件，所以能优化 1 mA 都是很有价值的，一旦屏幕量产发货以后，要优化就很难了。最终手机的续航表现如何，就看手机厂家如何通过场景策略来尽可能降低屏幕功耗对手机续航的影响了。一般亮屏场景中，屏幕本身所消耗的电流占整机消耗电流的一半左右，所以如果能优化屏幕的电流，对整机续航的提升往往是立竿见影的。下面介绍熄屏显示电流对比案例以及通过动态调整屏幕刷新率来节电的案例。

1. 熄屏显示（AOD）电流对比

操作步骤如下。

1）打开 AOD 模式，指纹录入后 AOD 待机。

2）在 AOD 待机的状态下，抬手亮屏；屏下指纹电流如图 5-6 所示，可以看到抬手亮屏后电流已经飙升到了 119 mA，属于待机状态下相对较高的水平，不过这里重点关注的是录入指纹后待机状态下电流的平均值，是 47 mA。

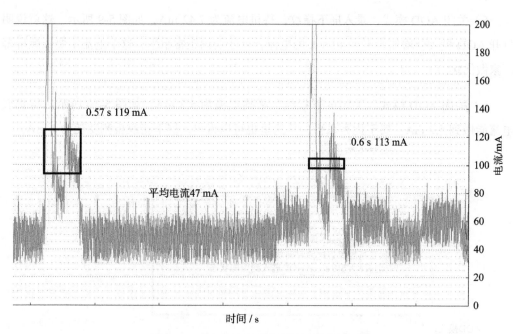

图 5-6　AOD 打开 + 屏下指纹打开时电流

3）在指纹菜单中关闭"熄屏模式下显示指纹"，平均电流为 45.4 mA，如图 5-7 所示。

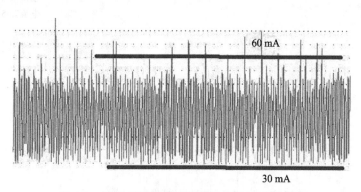

图 5-7　关闭"熄屏模式下显示指纹"后的电流

4）在"熄屏模式下显示指纹"打开的情况下，用手盖住手机上半部分，让近感生效，此时的电流如图 5-8 所示，静感被靠近时电流增加到了 61 mA，说明静感工作时电流超过 10 mA。

5）关闭 AOD 模式，录入屏下指纹，待机电流为 7.42 mA，如图 5-9 所示。这就说明打开 AOD 模式会增加差不多 40 mA 的电流，处于业内正常水平，这个电流主要依赖屏幕厂家做优化。

6）关闭 AOD 模式，关闭屏下指纹，平均电流为 5.2 mA，如图 5-10 所示。待机底电流能做到 5.2 mA，属于优秀水平，从这里也可以得出，屏下指纹检测功耗为 2 mA。

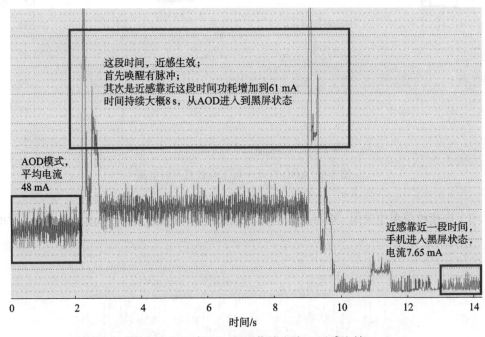

图 5-8　AOD 打开 + 屏下指纹电流 + 近感生效

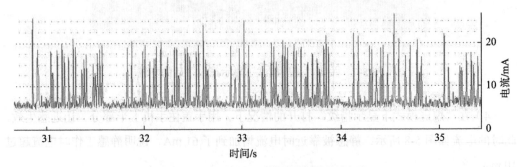

图 5-9　AOD 关闭 + 屏下指纹打开时电流

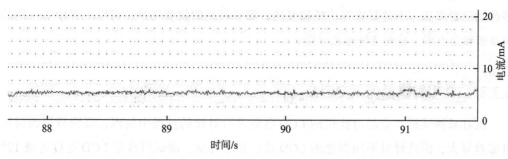

图 5-10　AOD 关闭 + 屏下指纹关闭时电流

2. 自适应刷新率方案

对于屏幕而言另一个降低功耗的方案就是降低屏幕刷新率和 TP 报点率，当然这些都是针对高刷新率屏幕，如果屏幕本身是固定刷新率 60 Hz，也就没有操作的必要。例如，某测试机屏幕支持最高刷新率 144 Hz，在不同场景、不同刷新率的情况下，电流值如表5-5 所示。从测试情况看，处于静态画面时，每一档刷新率电流相差大概 20 mA；处于动态画面时，每一档刷新率电流相差大概 100 mA，这里面也有屏幕单体或者屏幕批次的差异，不过数据趋势是基本符合的。从电流差异就可以看出，针对不同场景做对应的刷新率调整，对整机的续航肯定是有帮助的。

表 5-5　某测试机不同刷新率下电流值 （单位：mA）

场　　景	60 Hz	90 Hz	120 Hz	144 Hz
桌面最大亮度	225	232	261	281
桌面最小亮度	151	181	211	231
纯白最大亮度	652	682	703	719
纯白最小亮度	146	163	187	201
纯黑最大亮度	131	151	171	189
纯黑最小亮度	132	153	173	191
动态画面	326	420	522	611

最核心的还是场景问题，哪些场景该配置什么刷新率，每个手机厂家的策略各有不同，具体要看哪家区分较为细致，覆盖的场景更全面，节能效果才会更好。这里大致分为以下三种场景：第一种是视频场景和文字类较多的场景，可以使用比较低的刷新率和报点率，毕竟交互较少；第二种是游戏类场景，尤其是对操作比较敏感的游戏，能设置

多高就设置多高，不过要兼容功耗和发热；第三种是购物类场景，可以配置中等一些的刷新率和报点率，兼顾流畅性和续航。

5.3.3 TP 引脚配置优化案例

在对某测试机和竞品对比机的 LCD 电流进行对比的过程中发现，桌面待机的时候电流差异大，因此针对不同颜色的 LCD 功耗做了分解。测试机设定 LCD 亮度等级 128 不变，调节对比机的 level 值来匹配各个颜色下测试机的发光强度，屏幕功耗值对比如表 5-6 所示。

表 5-6 对比机和测试机不同颜色不同亮度下屏幕功耗值对比

颜色	对比机 level 值	对比机发光强度 /cd	对比机电流 /mA	测试机 level 值	测试机发光强度 /cd	测试机电流 /mA	相同颜色相同亮度电流差值 /mA
白	562	112.2	197	128	112.03	214	−17
红	450	20.78	125	128	20.41	151	−26
绿	585	84.12	123	128	84.47	138	−15
蓝	660	11.09	155	128	11.09	173	−18

前文提到，可以用拔屏后的电流来计算 LCD 本身的消耗，桌面待机场景下对比机拔屏后电流是 20 mA，测试机拔屏后电流是 27.3 mA，超过对比机太多，通过 Systrace 发现是因为 TP 的中断脚配置的是 PULL DOWN，而且是低电平有效，所以当 LCD 和 TP 拔掉后，TP 的中断脚一直处于低电平触发中断状态，导致耗电增加，将 TP 中断脚配置为 NO PULL 后，问题得到解决，测试机工作电流达到 17.8 mA，甚至比对比机还要低，因此这类基本动作一定要做到位，否则一个配置就要增加几毫安的电流，积累起来后将是非常可观的。尤其是屏幕是用机过程中的耗电大户，如果熄屏都有问题，那就意味着手机一直处于漏电状态。相关的案例还可能发生在 NFC 芯片、线性马达，甚至一些不常用的传感器配置上，可以通过检查 GPIO 口配置是否全部合理来验证。

5.3.4 音频参数优化案例

音频参数本身对电流的贡献也不可忽视，主要关注功放本身针对不同响度的工作电流，以及叠加 DTS 或者杜比音效后的工作电流。

从表 5-7 可以看出，对比机打开 DTS 后电流增幅小于测试机，说明可能 DTS 音效参数需要做一些调优；在 Mute 静音情况下，测试机的工作电流比对比机大了一倍多，虽然是静音，但是如果 DTS 处于打开状态，会使播放通道不能走低功耗的 offload 模式，增加功耗；耳机播放 MP3 的工作电流也较高，耳机播放电流主要与电信号强弱息息相关，电信号越强，电压就会越大，对比机是 530 mV_{rms}，测试机是 850 mV_{rms}（因为串联 $32\,\Omega$ 电阻，导致输出为 440 mV_{rms}），因此这个值较高更多是由于硬件设计问题引发的，如果是在项目没有量产早期，还可以尝试让硬件做些改动，如果是在中后期发现，要硬件改板，那就基本没有可操作性了，除非项目延期，但耳机播放电流高是非常影响用户体验的，伴随的还有发热问题。

表 5-7　音频基准测试内容示例　　　　　　　　（单位：mA）

测试内容	测试机电流	对比机电流
扬声器播放 MP3 的工作电流（固定音频，最大音量，开 DTS）	286	259
扬声器播放 MP3 的工作电流（固定音频，最大音量，关 DTS）	192	209
扬声器播放 MP3 时的工作电流（Mute，固定音频）	65	31
耳机播放 MP3 的工作电流（固定音频，飞行，最大音量）	58	28
录音工作电流	52	36

偏硬件的角度一般就是上述几种情况，音频相关的软件问题在日常使用中反而更加容易出现，这里先介绍音频模块的六种锁：AudioMix、AudioDirectOut、AudioIn、AudioUnknown、AudioDup、AudioOffload。这些锁被非法持有以后，都会引发不同程度的续航危机。六种锁的大致用途如下：AudioMix 一般是提示音、按键音、铃声、通知音等；AudioDirectOut 一般是 VoIP 通话声音，比如微信语音通话、视频通话、Skype 通话；AudioIn 是录音；AudioUnknown 理论上不会出现；AudioDup 是并行播放声音，比如铃声从手机和蓝牙耳机同时播放；AudioOffload 是播放音乐，在 Android N 版本上，有的厂家集成了杜比或 DTS 音效，可能播放音乐不是走这里，走的是 AudioMix。

当应用要播放声音时需要打开音频通道，这个时候就会持锁，但不会马上听到声音，需要应用把音频数据写下来，才会听到声音。所以，正常来说，有这些音频持锁就会播放声音，但是持锁和有声音理论上没有必然的联系，比如某个应用打开了音频通道，却不写入数据，就会出现有持锁却没有声音的情况，这是一种极端情况，用户从正规渠道下载的应用一般不会做出这种行为。音频持锁优化一般重点优化那些应用长时间持有音频锁，但播放的时机可能不对，播放的是一段无声音频，或者播放的是一段人类无法听到的音频，一般应用这么做都是为了保活。下面来看一个具体案例。

某个版本的百度网盘一整夜持有 AudioMix 导致待机高耗电，但实际上用户并没有播放音乐，这一类问题是最需要谨慎但又不得不处理的，应用这么做大概率是为了长期保活来达到不断备份数据的功能。

但某些流氓应用为了达到不可告人的目的，不被系统杀死，经常使用循环播放一个"静音"文件的方式保活，导致一旦用户打开这些应用，后台循环播放就不会停止，也就一直持有音频锁，系统就不会休眠，功耗就会增加。所以，必须将这些"静音"播放识别出来，进而让系统杀掉这些流氓应用，达到降低功耗的目的。

这类静音播放通常有两种方式：第一种是播放的音源数据全部为 0，是真正的静音，这种比较好判断；第二种是播放的音源被人为加入一些毛刺，但这些毛刺为了不让人听到，响度基本都小于 −70 dB。在实际优化过程中发现，这些毛刺有些周期短，如图 5-11 所示（这是放大后的效果，实际振幅很小），有些周期长，如图 5-12 所示。要识别出第二种静音播放方式是比较困难的，不过还是有不少规律可以用，具体如何识别就考验各个手机厂家功耗团队的技术水平了，专业的音频团队是可以识别出这类异常并给出具体识别方案的。

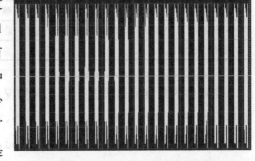

图 5-11 短周期毛刺"静音"数据

5.3.5 海运模式电流优化案例

海运模式是高通、MTK、展锐等芯片平台供应商提供的一种发货关机掉电模式。进入海运模式后如果漏电电流大则会造成装箱发货后设备严重掉电，当用户拿到设备时会发现设备严重低电，对用户的首次开箱体验造成不良影响。这里有个背景介绍一下，随着国产手机在海外的销量提升，为了降低成本，有时候一些低配置机会选择海运的方式

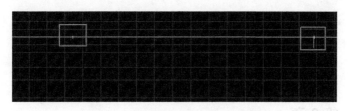

图 5-12　长周期毛刺 "静音" 数据

运输到销售国家，可能就需要 2 个月时间，到达当地以后还有入库到销售的过程，也就是说，用户拿到的手机可能已经超过 3 个月没充过电，如果用户拿到手还有 30% 以上的电量，那就不会影响到用户的开机体验。

本节中的案例是某测试机在硬件测试海运模式状态下发现电流是 420 μA，而通常情况下，相同芯片平台的其他项目只有 30 μA 左右，所以这里一定是存在严重漏电的，相差了 14 倍还要多，相当于本来可以运输半个月才消耗光的电量，一天就给消耗光了，是非常严重的问题，但这种问题一般很难在纯软件层面甚至驱动工程师都不太好定位，需要硬件工程师排查。经过硬件排查发现，问题与该测试机所采用的一个射频器件相关，近 400 μA 漏电电流是新射频硬件设计中的一个 PA 器件导致，更可怕的是这款机型必须使用这个射频器件来发货，所以最终只能由软件团队来努力解决。

先期尝试了多种方法，都没解决，方法如下：

方法 1，meta 模式下走正常关机流程，然后再进入海运模式，发现漏电电流仍然是 420 μA。

方法 2，meta 模式下走平台厂家原生的 meta 模式下的关机流程，然后进入海运模式，发现漏电电流仍然是 420 μA。

方法 3，meta 模式下走正常手动关机掉电流程关闭这个 PA 器件，然后再进入海运模式，发现漏电电流仍然是 420 μA。

方法 4，meta 模式下进入飞行模式关闭这个 PA 器件，然后再进入海运模式，发现漏电电流仍然是 420 μA。

最终通过与芯片厂家讨论，单独制作特殊的命令先将问题 PA 器件重置，然后再走正常关机掉电流程，最终解决问题，但前后攻关的时间超过一个月。

系统优化策略与案例分析

续航优化更多还是靠手机系统本身的防御措施，所以系统层面的管控策略极其重要，外设功耗基本正常后，引起续航问题的原因大部分就来自上层运行的应用以及数据网络。本章重点介绍如何从资源调度、网络参数、三方应用管控、外设使用管控等多个维度对系统层策略进行优化。

6.1 续航问题的定义与分类

先了解下什么是续航，续航问题就比较容易理解了。大众理解的续航本质上就是手机充一次电能用多长时间，但实际体会还是有不少出入的。这里面有个用电焦虑的问题，读者可以结合自身经历考虑一下。当手机弹出只有 20% 电量的时候，你是否会感觉到焦虑，觉得不敢出门，非常担心 1 h 后手机没电与世界失去联系，因此综合来看，续航的定义是从电量 100% 充满，拔掉充电器那一刻起，到手机弹出 20% 低电提醒之间用户实际的使用时间，使用时间越长用户心理越不焦虑，通常来讲一般是早上 8 点整满电出门，到下午 6 点前，如果还有 20% 以上的电量，那就算相当优秀了。

续航出现问题就是指手机并没有达到这个标准，比如早上 8 点满电出门，下午 2 点或者 3 点左右，只经过轻度使用就弹出了低电提醒。这里有个概念叫作轻度使用，对应还有重度使用，轻度使用通常可以理解为日常亮屏使用手机，一般每天不超过 6 h，这6 h 使用场景包括微信、头条，偶尔看看抖音短视频，追追剧等，如果在日常亮屏用机的6 h 内，有 2 h 都是在玩中高负载的游戏，比如王者荣耀、和平精英，或者持续看两个小时抖音，那就是重度使用。针对重度使用用户，如果手机能满足一天两充，那基本算是很不错的水平，针对轻度使用用户，满足一天一充就基本符合用户预期了。

业内不同手机厂家的续航定义方式各不相同，但作为用户的感知大同小异，都是基于续航的定义，但随着快充技术的发展，续航的重要性有所下降，但一款手机如果能坚持一天甚至一天半才充电，那续航体验就非常好了。

续航出现问题的原因又都有哪些呢？其实从纯软件角度分析，原因主要分为两种。

一种是系统管控的策略是否生效，另一种是三方应用由于技术原因或者经营原因，使用了一些符合 Android 代码规范但并不合理的方法疯狂地使用系统资源，从而导致续航问题。在解决完系统基础功耗问题后，还需要进一步确认系统低功耗策略是否生效，比如系统正常待机能否进入深度睡眠状态，省电模式是否生效，自启动拦截和关联启动拦截是否生效等。如果这些都生效，那基本能管控普通的三方应用行为。针对三方应用疯狂占用系统资源的问题，一般需要专项用例来协助验证，比如监控某应用长时间后台持锁、监控疯狂定位等情况。这里会涉及对谷歌原生低功耗方案的增强修改，以及针对应用异常行为的管控，具体将在后面章节中一一介绍。

6.2　续航优化涉及的相关技术

正式对续航方面的系统策略进行优化前，我们需要先重点了解一些与系统优化策略相关的基本概念，包括应用常用的唤醒系统的机制，Android 系统中针对应用管控的原生机制，系统进入休眠后具体执行的动作以及这些动作对应用的影响等。了解这些基础知识后读者可能会发现，其实原生系统对应用的管控一开始就是非常宽容的，而随着Android 版本的升级不断加严，大家应该有印象，早期在 Android 2.X 时代，应用申请

权限基本都没有任何控制，可以任意使用网络，任意使用 CPU 资源，但是到了 Android
5.X 时代就开始有质的变化，不过从系统优化角度来看，Android 的演进对应用的容忍度
一直是很高的，这就导致上层应用容易把终端设备的续航搞崩溃，这种现象在国内应用
生态中更容易出现。

6.2.1　CPU 调度机制

本节简单介绍下典型的调度器和调度算法，每一种算法其实都值得深究，但从续航
角度，了解它们的运作原理即可。首先介绍下 CPU 调度策略，什么是调度器？调度器的
作用是什么？调度器是一个操作系统的核心部分，可以比作 CPU 的时间管理员。调度
器主要负责选择某些就绪的进程来执行。不同的调度器根据不同的方法挑选出最适合运
行的任务。下面介绍三种典型的调度器，完全公平调度器（Completely Fair Scheduler，
CFS）、HMP（Heterogeneous Multi-Processing）调度器和能量感知调度器（Energy Aware
Scheduler，EAS）。

1. CFS 介绍

CFS 的思路很简单，根据各个任务的权重分配运行时间，任务每个调度周期内分配
的运行时间的计算公式为：

$$\text{wall\_time} = 调度周期 \times 任务权重 / 就绪队列所有任务权重之和 \qquad (6\text{-}1)$$

wall_time 就是在该调度周期内分配给任务的运行时间，进程优先级越高，进程权重
越大，对比实际运行时间来说，虚拟时间增长越慢（越小）；优先级越高的进程，得到的
真实时钟更长，也可以理解为按权重给进程分配 CPU 时间片，所以叫完全公平调度。

举个例子，比如只有两个进程 A、B，权重分别为 1 和 2，调度周期设为 30 ms，那
么分配给 A 的 CPU 时间为 30 ms × [1/(1+2)] = 10 ms；而 B 的 CPU 时间为 30 ms × [2/
(1+2)] = 20 ms。那么在这 30 ms 中 A 将运行 10 ms，B 将运行 20 ms。

（1）PELT 算法

在 Linux 3.8 之前，CFS 以每个运行队列（RunQueue，简称 RQ）为基础跟踪负载。

但是这种方法无法确定当前负载的来源。同时，即使在工作负载相对稳定的情况下，在运行队列级别跟踪负载，值也会产生很大变化。为了解决以上问题，满足最大吞吐量同时又最大限度地降低功耗，PELT（Per Entity Load Tracing）算法应运而生，它的主要作用是跟踪每个调度实体的负载。

为了做到对每个实体的负载跟踪，物理时间被分成了 1024 μs 的序列，在每一个 1024 μs 的周期中，一个实体对系统负载的贡献可以根据该实体处于 runnable 状态的时间进行计算。一个实体在一个计算周期内的负载可能会超过 1024 μs，这是因为算法会累积过去周期中的负载，对于过去的负载我们在计算的时候需要乘一个衰减因子。如果让 Li 表示在周期 pi 中该调度实体对系统负载的贡献，那么一个调度实体对系统负荷的总贡献可以表示为：

$$L = L0 + L1 \times y1 + L2 \times y2 + L3 \times y3 + \cdots + Ln \times yn \tag{6-2}$$

（2）WALT 算法

WALT（Window Assisted Load Tracing，窗口辅助负载跟踪）算法是以时间窗口为单位，跟踪进程 CPU 利用率并计算下一个窗口期望的运行时间的一种新算法，主要用于解决 PELT 算法中的进程负载计算问题，例如历史负载导致反应慢等。WALT 算法能够更快地响应进程的行为变化。

WALT 算法主要涉及以下几个参数：WALT 表示窗口大小；CPU 当前频率和 CPU 最高频率；TASK 表示在一个窗口实际运行时间；task demand 表示获取机制（最近窗口值与前五个窗口均值的最大数值）。

2. HMP 调度器介绍

对于移动设备，除了性能，功耗也是一个重要的指标。为了降低功耗，ARM 开发了大小核架构处理器，而 Linux 内核中的负载均衡算法是基于 SMP 模型的，并未考虑 big.LITTLE 模型，因此 Linaro 开发了 HMP 调度器以支持 big.LITTLE 架构，它也被用于 Android 5.x 和 Android 6.x 中，但并没有被合入内核的基线中。

HMP 调度器的进程调度算法与 CFS 基本一样，主要区别在于调度域和负载均衡的处理上。HMP 的调度域实现比自带的 CFS 要简单得多，它只包含两个调度域，即大核调度域和小核调度域，不考虑这两个调度域之间的负载均衡问题，没有调度组和调度能力的概念，调度域也没有拓扑层次关系。HMP 调度器的主要工作原理如下。

1）检测小核调度域，如果有繁重的任务（最重的），就迁移到大核调度域中的空闲 CPU 上。

2）检测大核调度域，如果有简单的任务（最轻的），就迁移到小核调度域中的空闲 CPU 上。

3. EAS 介绍

EAS 是现在 Android 中正在使用的调度器，目的就是结合统计如上各个策略的优势，在为某个任务选择运行 CPU 时，同时考虑性能和功耗，保证系统能耗最低，并且不会对性能造成影响。EAS 把一个统计窗口里的 CPU 使用频率映射到计算能力中，如果系统中最强的 CPU 以最高频率运行一个统计窗口时间，那么它的 CPU 使用率就是 100%，量化后的最大计算能力就是 1024，量化后的最大 WALL Times（可以理解为总耗时）就是 20 ms。EAS 调度器完美地把 CPU 使用率、CPU 频率、CPU 计算能力三者量化到同一量化值中。

EAS 试图统一内核的三个不同核心部分，即 Linux 调度程序（CFS）、Linux CPUIdle、Linux CPUFreq 调度程序，它们之前都相互独立，能量模型有助于统一它们，尽可能节省功耗，提高性能。因为将它们一起计算可以使它们尽可能高效。CPUIdle 尝试决定 CPU 何时进入空闲模式，CPUFreq 尝试决定何时加速或降低 CPU。不仅如此，EAS 还将进程分到四个不同的 cgroup 组中，即 top-app、system-background、foreground、background，将要处理的任务放入其中一个类别中，然后为该类别提供不同的 CPU 时间片，并将工作委派给不同的 CPU 核心。top-app 是完成的最高优先级，其次是 foreground、background 和 system-background。backgound 与 system-background 具有相同的优先级，但 system-background group 通常也可以访问更多的核。实际上，EAS 正在将 Linux 内核的核心部分整合到一个进程中。唤醒设备时，EAS 将选择处于最浅空闲状态的核心，从而最大限度地减少唤醒设备所需的能量。这有助于降低使用设备所需的功率，因为如果不需要，它不会唤醒大核。负载跟踪也是 EAS 的一个非常重要的部分，有两种选择。PELT 算法通常用于负载跟踪，然后使用该信息来确定频率以及如何在 CPU 中委派任务。当然，也可以使用 WALT 算法。许多 ROM 会使用 WALT 算法或 PELT 算法发布两个版本的内核，由用户在实践中自行决定使用哪个版本。WALT 更突发，CPU 频率高峰，而 PELT 试图保持更一致。负载跟踪器实际上不会影响 CPU 频率，它只是告诉系统 CPU 使用率是多少。较高的 CPU 使用率需要较高的频率，因此 PELT 算法的一致性会导致 CPU 频率缓慢上升或下降。PELT 确实倾向于偏向更高的 CPU 负载报告，因此它可以以更高的电池成本提供更高的性能。然而，现在没有人能够真正说出哪种负载跟踪系统更好，因为两种负载跟踪方式仍在不断修补和改进。无论使用哪种负载跟踪方法，效率都会提高。除了处理处理器上的任务，还要分析任务并估算运行任务所需的能量。这种任务调度方式使得任务以更有效的方式完成，同时也使系统整体运行速率更快。

6.2.2　Alarm 和 JobScheduler 机制

对于系统续航而言，让 CPU 少干活是最根本的手段，但 Android 生态中的各种三方应用都会想尽各种办法让 CPU 给自己的 App 干活，定时地发送一下心跳包或者同步一下用户数据，而让 CPU 少干活的策略大多是谷歌或者手机厂家做得更多一些。当系统进入休眠状态以后，如果应用想做一些业务，那就可以通过 Alarm 机制来唤醒系统，但系统被唤醒以后，往往也在给其他应用做不少事情，如果应用联网，那就更费电了。对此，谷歌绞尽脑汁地开发了一些新的机制，比如 JobScheduler 机制，来尽可能地让系统有规律地休眠，同时又定期地执行一些定时任务以确保应用业务不中断。

其实很好理解，想象一下一个人就是一个 CPU，如果人要精神好，反应快，那就得休息好，如果外界总是有其他事情每几分钟来咨询一些事情，或者布置一些体力活，而且下班后也不让休息，那一天 24 h 下来，他肯定会精神崩溃，但是如果上班的时候有很多任务，有条理的赶紧做，中午能不被打扰地休息 30 min，晚上还能不被打扰地休息 6 h，那第二天他的"战斗力"就会恢复。在不充电的情况下，手机电量虽然不会增加，但如果手机能长时间处于休眠状态，那续航能力肯定就会很好，很能抗。

唤醒系统做业务最常见的两种方式就是 Alarm 唤醒机制和 JobScheduler 机制。

Android 手机在一定时间内无操作的情况下会自动让 CPU 进入睡眠状态来节能，这个时候可以通过 Alarm 机制来唤醒 CPU。注意，这个时候屏幕未必是点亮的状态，唤醒 CPU 和唤醒屏幕完全不是一个概念，千万不要混淆，两者的功耗也不是一个等级。

Alarm 机制简单理解就是设置了一个闹钟，在闹钟响的时候，开始干活，但是由于任务有不同的优先级，因此系统会提供不同的参数类型来对任务区分，比如有些参数类型可以无视系统当前的低电状态，仍然唤醒 CPU。两个重点的参数类型大致介绍如下。

❑ AlarmManager.ELAPSED_REALTIME 表示在手机处于休眠状态的时候不可用，也就是说，在休眠状态下这类 Alarm 是不会唤醒 CPU 的，换句话说，这种类型相对不会成为耗电的原因。

❑ AlarmManager.ELAPSED_REALTIME_WAKEUP 表示在手机处于休眠状态的时候也能唤醒系统并执行提示功能，大家日常用的闹钟应用采用的就是这个功能。

Android 5.0 系统以后，谷歌为了优化 Android 系统，提高使用流畅度以及延长电池续航时间，加入了在应用后台 / 锁屏时，系统会回收应用同时自动销毁应用拉起的服务的机制。为了满足在特定条件下需要执行某些任务的需求，谷歌还在全新一代操作系统上采取了 Job（JobService & JobInfo）的方式，即每个需要后台的业务处理为一个 Job，通过系统管理 Job，来提高资源的利用率，从而提高性能、节省电源。为了既能满足 App 业务需求，又能满足系统对续航的要求，JobScheduler 应运而生。

JobScheduler 支持在一个任务上组合多个条件，同时支持持续的 Job，这意味着设备重启后，之前被中断的 Job 可以继续执行，支持设置 Job 的最后执行期限，根据配置可以设置 Job 在后台运行或者在主线程中运行。

JobScheduler 适用于应用要在 Android 设备满足某种条件后才需要去执行任务的时候，比如：

1）应用定期地同步通讯录到后台。

2）应用定期地联网以同步天气信息或者上报用户的位置状态。

一般 JobScheduler 机制用于做一些相对不是很紧急，也不需要马上向用户展示数据的任务。按照谷歌官方文档的定义，在原生的 Android 系统上，当设定了一个 Job 之后，哪怕该 App 的进程已经结束或者被杀掉，对应的 JobService 也是可以启动的。但现实很残酷，如果很多应用都设置了 Job，实际上也就相当于不停地在唤醒系统。有了上面对打扰 CPU 休眠的工作机制的认识以后，下面再来分析为什么它们会引起续航问题。目前大量 App 被唤醒后都会有心跳信息发送，也就会存在唤醒设备、发送数据以及接收数据三个动作，而对系统而言，这三个动作都会消耗一定的电量，网络原因导致的电流拖尾现象如图 6-1 所示，圈出的部分是联网期间的电流情况，完成后还有一些拖尾情况，这都是需要优化的，如果这类情况过多，那么系统和射频器件都得不到休眠，不断耗电。

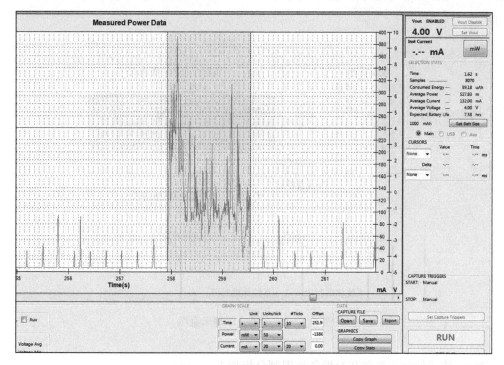

图 6-1　电流拖尾现象示意图

6.2.3　Doze 模式

谷歌每年都会对 Android 大版本做很多的升级，大版本之间还有很多优化的补丁，虽然每次升级都会在续航方面做很多优化，但始终没有给消费者一种质变的感觉。谷歌在 Android M（6.0）时引入了 Doze 机制，定义了一种新的低功耗状态。Doze 机制的原理是当用户在连续的一段时间内没有使用手机，就延缓系统中 App 后台的 CPU 和网络活动，以达到减少电量消耗的目的，其原理示意图如图 6-2 所示。根据灭屏时间的长短，系统还会进入两种不同的 Doze 模式。在不同的 Doze 模式下，系统会对后台、服务、广播等活动进行不同级别的限制，来达到提升续航时间的目的，但是一旦用户按电源键亮屏或者出现可唤醒的 Alarm 信号，系统就会立刻退出 Doze 模式，所以实际上 Doze 模式对于系统而言就是打个盹，这也很符合 Doze 这个单词的含义，下图比较形象地展示了进入 Doze 模式前后系统中 CPU 的运行状态，黑色线条可以认为是各种 App 发起的业务，进入 Doze 模式以后就会被限制住一定时间，然后定时且集中地干一段业务，然后再打个盹。

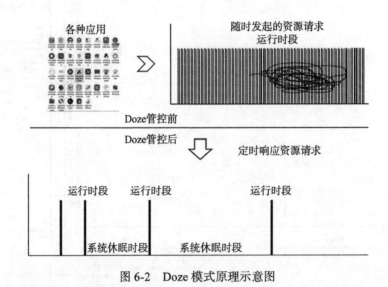

图 6-2　Doze 模式原理示意图

Doze 模式的进入条件和对设备的限制分析如下。

1）进入 Doze 模式的条件，三个条件缺一不可：

❏ 灭屏；

❏ 设备静止；

❏ 电池供电。

2）Doze 模式下对设备的限制：

❏ 暂停所有网络访问；

❏ 忽略所有的 WakeLock；

❏ 标准的 AlarmManager 唤醒源被延缓到下一个周期。

❏ 不进行 Wi-Fi 扫描；

❏ 不允许 sync 同步动作；

❏ 不允许 JobScheduler 运行。

以上限制只针对非 Doze 白名单和 GMS 应用，这里就很关键了，白名单一直以来都是一把双刃剑，因为它相当于后门。

3）Doze 模式系统状态的定义：

❏ STATE_ACTIVE = 0，表示活动状态

❏ STATE_INACTIVE = 1，表示设备处于非活动状态（屏幕关闭，没有运动），等待空闲。

❏ STATE_IDLE_PENDING = 2，表示设备已超过最初的非活动时间，并等待下一个空闲时间。

❏ STATE_SENSING = 3，表示设备当前正在监测运动。

❏ STATE_LOCATING = 4，表示设备当前正在查找位置（并且可能仍在监测运动）。

❏ STATE_IDLE = 5，表示设备处于空闲状态，尝试尽可能保持睡眠状态。

❏ STATE_IDLE_MAINTENANCE = 6，表示设备处于空闲状态，但暂时临时退出 IDLE 进行常规运行。

上述 Doze 模式中几种状态的切换关系如图 6-3 所示。

如果配置得激进一些，可以让系统在灭屏 1 min 后就进入 Light Doze 模式，然后在 30 min 后或者更短的时间内进入 Deep Doze 模式。早期国内很多手机在进入 Deep Doze 模式时连微信消息都收不到，对于很多消费者而言，这个问题相当严重，可以通过白名单轻松解决这个问题。最后通过一个表格来简要介绍下 Deep Doze 和 Light Doze 模式的差别，如表 6-1 所示。

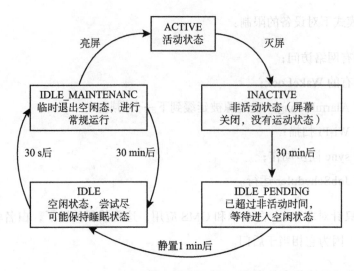

图 6-3　Doze 模式中状态的切换关系示意图

表 6-1　Deep Doze 和 Light Doze 模式对比

操　　作	Deep Doze	Light Doze
触发条件	灭屏 + 非充电 + 手机静置	灭屏 + 非充电
时间	进入 Light Doze 后一段时间 一般是 30 min，可以修改	灭屏后 5 min 这个时间可以动态修改
限制资源	限制访问网络 唤醒锁忽略 GPS/WLAN 无法扫描 普通 Alarm、JobScheduler、同步动作等被延迟处理	限制访问网络 普通 Alarm、JobScheduler、同步动作等被延迟处理
行为表现	仅仅接收优先级高的推送消息	可以接收实时消息
退出条件	设备有移动，亮屏，用户操作	亮屏

6.2.4　App Standby 机制

Doze 模式是针对系统整机而言的，对于运行在系统中的应用，同样有不同的状态，当用户不使用应用程序一段时间时，该应用程序就会被系统切换为 App Standby 状态（应用待机状态），并将该 App 标记为空闲状态。除非触发以下任意条件，应用程序将退出 App Standby 状态：

1）用户主动启动该 App；

2）该 App 当前有一个前台进程（或包含一个活动的前台服务，或被另一个活动或前台服务使用）；

3）App 生成一个用户所能在锁屏或通知托盘看到的 Notification，当用户设备插入电源时，系统将会释放 App 的待机状态，允许它们自由地连接网络，执行未完成的工作和同步。

Doze 和 App Standby 的区别分析如下。

Doze 模式描述的是系统的整体状态，即 device idle mode，当手机锁屏、非充电并且静置一段时候后，手机可以进入 doze idle 状态。而 App Standby 表示的是单个应用的状态，即 app idle mode，不需要关闭手机屏幕，App 只需进入后台一段时间并且无前台活动就会进入 App Standby 状态。

App Standby 机制也是国内三方应用研究得非常透彻的管控机制，如果应用被系统标记为 idle，那就意味着这个应用的优先级对于系统而言是相对较低的，系统会调整对应的进程优先级，这些优先级会在系统启动查杀后台策略时发挥重大作用，因此很多应用会想尽各种办法，比如弹出一个通知，而且经常是不可以滑掉的通知，来保持前台状态，不被杀掉。

下面是一些 adb 命令，通过运行以下命令可以强制应用进入 Standby 模式：

```
adb shell dumpsys battery unplug
adb shell am set-inactive <packageName> true
```

唤醒应用：

```
adb shell am set-inactive <packageName> false
adb shell am get-inactive <packageName>
```

还有一个通用的做法，就是放在 App Standby 的白名单里，不过三方应用基本是没有机会被放入白名单的，除非是国民级应用或者定制系统。

6.2.5 Bucket 机制

Bucket 机制是 Android 9 引入的一项新的电池管理功能，通过给应用待机模式中增加新的管理组（Active & Working Set）实现，能够进一步控制对应用的资源访问。该机制主要表现为基于应用的最近使用时间和使用频率，帮助系统安排应用请求资源的优先级，也就是根据应用的使用情况，把它们归类到五个优先级群组之一，而系统对每个群组都定义了相应的资源访问管控策略，所以各组中的应用自然就得到了很好控制，每个分组的含义介绍如下。

- ❑ 白名单（EXEMPTED）：放入白名单组的应用其分组不可更改，当然也就不会受限于其他分组的资源使用策略的约束。
- ❑ 活跃（Active）：用户当前正在使用，满足以下任意一个条件的应用：

    - ❑ 应用已启动一个 Activity；
    - ❑ 应用正在运行前台服务；
    - ❑ 应用的同步适配器与某个前台应用使用的内容提供者关联；
    - ❑ 用户在应用中点击了某个通知。

- ❑ 工作集（Working Set）：如果应用经常运行，但当前却并未处于活跃状态，它将被归到"工作集"组中。例如：用户每天都会启动的某个社交媒体应用可能就属于"工作集"群组，如果应用被间接使用，它们也会被升级到"工作集"群组中。
- ❑ 常用（Frequent）：如果应用会定期使用，但不是每天都必须使用，它将被归到"常用"群组中。例如：用户在健身房运行的某个锻炼跟踪应用可能就属于"常用"群组。
- ❑ 极少用（Rare）：如果应用不经常使用，那么它属于"极少使用"群组。例如：用户仅在入住酒店期间使用的酒店应用就可能属于"极少使用"群组，Android S 还会回收"极少使用"群组中一些应用的运行时权限。
- ❑ 从未使用（Never）：安装但是从未运行过的应用会被归到"从未使用"群组中。

之前 Android M 上引入的应用待机模式其实就是 Android P 上应用 Bucket 为极少用和从未使用的情况，而没有做到像当前这样更为细致的组划分和策略限制。

不同的分组对系统资源的访问配置不同，具体策略对比如图 6-4 所示。

Setting	Jobs *	Alarms †	Network ‡	Firebase Cloud Messaging §
User Restricts Background Activity				
Restrictions enabled:	Never	Never	Never	Messages discarded in Android P+ starting January 2019
Doze				
Doze active:	Deferred to window	Regular alarms: Deferred to window While-idle alarms: Deferred up to 9 minutes	Deferred to window	High priority: No restriction Normal priority: Deferred to window
App Standby Buckets (by bucket)				
Active:	No restriction	No restriction	No restriction	No restriction
Working set:	Deferred up to 2 hours	Deferred up to 6 minutes	No restriction	No restriction
Frequent:	Deferred up to 8 hours	Deferred up to 30 minutes	No restriction	High priority: 10/day
Rare:	Deferred up to 24 hours	Deferred up to 2 hours	Deferred up to 24 hours	High priority: 5/day

图 6-4　分组限制策略

　　系统会动态调整每个应用所属的分组，比较聪明的做法是通过机器学习应用来预测应用的使用趋势，谷歌后来自己实现的一套智能节电方案就有预置 AI 功能加持，以达到将应用归类到更合适群组的目的，管控也更加精准。顺带提一句，谷歌针对 AI 部分的代码是不开放的。当然，系统默认基于应用的最近使用时间对它们进行排序，将更为活跃的应用被归类到更高优先级的群组，从而让应用可以使用更多系统资源。还有一点与其他节电模式 / 功能类似，分组的这些限制也仅在设备使用电池电量时适用，如果设备正在充电，系统不会对应用施加任何限制。从分组策略层面讲，最重要的还是与 AI 机器学习结合，框架只是提供一套分组接入接口和分组的限制机制，但如何动态、准确有效地设置分组才是应用要关注和扩展的重点。谷歌的算法有时候也会"水土不服"。

6.3　系统级优化方案

　　熟悉完常见的续航控制基本概念后，本节针对系统温控、媒体扫描、谷歌 GMS 应用功耗以及 5G 网络参数等方面做系统级优化，以达到省电目的。方法相对通用，读者也可以尝试自行调试。

6.3.1 温控方案优化案例

温控方案分为两大部分，一方面是靠纯硬件的散热能力，另一方面是靠软件来控制各种外设的工作状态以减少发热，硬件相关的主要工作包括硬件散热措施、结构设计、外部传感器的布局等，软件主要负责检查外部传感器的布局是否满足后期温控调试的需求。

散热措施：主要是导热材料，比如导热管、导热硅胶、VC 均热板、厚石墨等。

硬件布局：主要与结构相关，比如腕表的设计建议是主板布局靠近屏幕远离后盖（人体接触面），指纹等人体可接触模组不要紧贴主板，手机的设计建议是温控传感器不要离CPU 或者相机模组等热源太紧，要紧贴机身金属边框。

外部传感器布局：软件温控的传感器选择一般至少要有一个代表整机外壳温度、一个代表射频 PA 的温度，其他传感器根据实际项目需求的具体要求而定。

硬件散热评估方式：

1）确认对比场景的电流是否相同；

2）删除所有温控措施，纯靠物理散热，确认与高通、MTK 等厂家 demo 板的差异。

在内核 3.18 版本以后，高通、MTK、展讯发热控制的整体架构都如图 6-5 所示，只是在一些细节的地方存在差异。整个 Thermal 框架可以分为四部分：

❑ Thermal Driver 负责获取温度设备，注册成 thermal_zone_device 结构体，比如外接 NTC thermistor、片上 sensor 等。

❑ Thermal Governor 负责如何控制温度，注册成 thermal_governor 结构体，比如Step Wise、User space、IPA 等。

❑ Thermal Cooling 负责控制温度设备，注册成 thermal_cooling_device 结构体，比如 GPU、CPU、LCD、Modem 射频、充电限流等。

❑ Thermal Core 是 Thermal Driver、Thermal Governor、Thermal Cooling 的黏合剂，同时提供了用户空间 sysfs 节点等通用功能，高通、MTK、展讯会利用该接口实现各自的用户态温控算法。

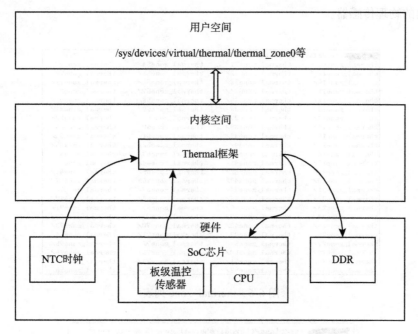

图 6-5　Thermal 机制工作原理图

所以 Thermal 的工作流程就是通过 Thermal Driver 获取温度，然后经过 Thermal Governor 决策，最后通过 Thermal Cooling 控制温度。

MTK、展讯、高通的所有传感器都需要在内核注册为 Thermal Driver 设备，可以通过 Thermal Core 提供的 sys 节点来调试和检查传感器温度。图 6-6 所示，这里列出了 Thermal 中存在的所有的 thermal_zone。

可以看到传感器有很多，选择其中一个，可以进一步查看具体节点信息。如图 6-7 所示，查看 thermal_zone95 节点信息。

❑ type 表示是传感器的名称：modem-pa1-g5-ul。

❑ temp 表示是传感器的温度：33.397 ℃。

❑ mode 表示这个传感器的温度获取状态：有两种取值，disabled 表示去使能；enabled 表示使能。

注意：每个 thermal_zone 表示一个传感器上的温控配置，不同的 thermal_zone 可以配置相同的物理传感器。

```
        :/sys/class/thermal # ls -l thermal
thermal_zone0/      thermal_zone31/     thermal_zone54/     thermal_zone77/
thermal_zone1/      thermal_zone32/     thermal_zone55/     thermal_zone78/
thermal_zone10/     thermal_zone33/     thermal_zone56/     thermal_zone79/
thermal_zone11/     thermal_zone34/     thermal_zone57/     thermal_zone8/
thermal_zone12/     thermal_zone35/     thermal_zone58/     thermal_zone80/
thermal_zone13/     thermal_zone36/     thermal_zone59/     thermal_zone81/
thermal_zone14/     thermal_zone37/     thermal_zone6/      thermal_zone83/
thermal_zone15/     thermal_zone38/     thermal_zone60/     thermal_zone84/
thermal_zone16/     thermal_zone39/     thermal_zone61/     thermal_zone85/
thermal_zone17/     thermal_zone4/      thermal_zone62/     thermal_zone86/
thermal_zone18/     thermal_zone40/     thermal_zone63/     thermal_zone87/
thermal_zone19/     thermal_zone41/     thermal_zone64/     thermal_zone88/
thermal_zone2/      thermal_zone42/     thermal_zone65/     thermal_zone89/
thermal_zone20/     thermal_zone43/     thermal_zone66/     thermal_zone9/
thermal_zone21/     thermal_zone44/     thermal_zone67/     thermal_zone90/
thermal_zone22/     thermal_zone45/     thermal_zone68/     thermal_zone91/
thermal_zone23/     thermal_zone46/     thermal_zone69/     thermal_zone92/
thermal_zone24/     thermal_zone47/     thermal_zone7/      thermal_zone93/
thermal_zone25/     thermal_zone48/     thermal_zone70/     thermal_zone94/
thermal_zone26/     thermal_zone49/     thermal_zone71/     thermal_zone95/
thermal_zone27/     thermal_zone5/      thermal_zone72/     thermal_zone96/
thermal_zone28/     thermal_zone50/     thermal_zone73/     thermal_zone97/
thermal_zone29/     thermal_zone51/     thermal_zone74/     thermal_zone98/
thermal_zone3/      thermal_zone52/     thermal_zone75/
```

图 6-6 thermal_zone 列表

```
        :/sys/class/thermal/thermal_zone95 # cat type
modem-pa1-g5-ul
        :/sys/class/thermal/thermal_zone95 # cat temp
33397
        :/sys/class/thermal/thermal_zone95 # cat mode
enabled
```

图 6-7 thermal_zone95 节点信息

　　成功拿到传感器的温度后，接下来就是调整具体的温度控制措施。温控措施主要包括两部分，Linux Thermal Core 架构中的 cooling_device 和用户态的 thermal-engine（高通）温控措施。可以通过 Thermal Core 提供的 sys 节点来调试和检查温控措施的配置。每个 cooling_device 的 level 对应的含义，需要根据 cooling_device 的驱动代码来解读。基本所有 SoC 厂家都支持 cooling_device，对比结果如表 6-2 所示。

　　具体怎么限制 CPU、GPU 等各类系统资源，下面将介绍。

表 6-2 高通、MTK 平台温控措施对比

cooling_device	高通平台	MTK 平台	cooling_device	高通平台	MTK 平台
限制 CPU	支持	支持	Modem 控制	支持	部分支持
限制 GPU	支持	支持	系统重启、关机	支持	支持
限制 LCD 亮度	支持	支持	限制充电电流	支持	支持

1. 限制CPU

高通平台，主要限制措施是通过thermal-engine配置，选择的传感器只能是user_space的thermal_zone，常用的传感器是主板表层传感器；控制算法可以自行选择。

限制CPU发热时通常是限制CPU的最大主频，Demo配置示例如下所示：

```
[THERMAL_ZONE_91]                       //linux kernel thermal_zone 配置
algo_type       user_space              //thermal core算法为user_space
sensor          msm-s-therm-usr         //sensor 名称为msm-s-therm-user
polling_delay   0
passive_delay   0
set_temp        125000
clr_temp        124000
[SKIN_CPU_MONITOR_NORMAL]        //thermal-engine的配置, setting 名称
algo_type monitor                       //算法为 thermal-engine monitor 算法
sampling 1000                           //采样率为1000毫秒
sensor    msm-s-therm-usr               //使用的sensor为msm-s-thermal
thresholds      40000      50000      60000      //触发门限值
thresholds_clr 38000      40000      50000      //回置门限值
actions   cpu6+cpu7   cpu0+cpu6+cpu7   cpu0+cpu6+cpu7   //触发后配置的CPU
action_info           1900000+1990000           1600000+1700000+1700000
1300000+1400000+1400000    //触发后配置的频率
override 5000
```

Demo配置示例说明：温控传感器温度大于40℃时，CPU6/CPU7最大主频限制为1.9+1.996 GHz，低于38℃时放开限制；大于50℃小于60℃时，CPU0/CPU6/CPU7最大主频限制为1.6+1.7+1.7 GHz；大于60℃时，CPU0/CPU6/CPU7最大主频限制为1.3+1.4+1.4 GHz，配置方法只是做个示范，平台不同配置方法略微有些差异。

2. 限制GPU

高通平台的GPU配置与CPU配置基本相同，Demo示例代码如下所示：

```
[SKIN_GPU_MONITOR_NORMAL]
algo_type monitor
sampling 1000
sensor    msm-s-therm-usr
thresholds      42000              44000
thresholds_clr 40000              42000
```

```
actions          gpu                    gpu
action_info      500000000              400000000
override 5000
```

Demo 示例配置说明：温控传感器温度超过 42℃时，GPU 的最大主频限制为 500 MB；超过 44℃，GPU 的最大主频限制为 400 MB。

3. 限制 LCD 亮度

高通平台的 LCD 限制也是通过 thermal-engine 配置，选择的传感器只能是 user_space 的 thermal_zone；常用的传感器是主板表层传感器；控制算法也是 monitor 算法。thermal-engine 控制 LCD 亮度有两种方式：当前 LCD 亮度、最大 LCD 亮度，通过 thermal-engine 代码定义区分。为了降低对用户体验的影响，均使用默认的 LCD 最大亮度限制。Demo 配置如下所示：

```
[BAT_LCD_MONITOR]
algo_type monitor
sampling        10000                           //采样率为10s，避免过度频繁地调整亮度
sensor          msm-s-therm-usr
thresholds      40000    45000    50000
thresholds_clr  39000    41000    41000
actions         lcd      lcd      lcd           //调整对象选择LCD
action_info     50       100      150           //最大亮度调整值（早期平台为下调以后的值，比
如50表示最大亮度下调为50（最亮为255）；从765、865平台以后为下调的值，比如50表示最大亮度下调
50，限制后为205）
```

配置示例说明：温控传感器温度超过 40℃时，调整最大亮度为 205；超过 45℃时，调整最大亮度为 150；超过 50℃时，调整最大亮度为 100，当温控传感器温度低于 39℃时，恢复到默认状态。调整 LCD 最大亮度要十分注意用户体验，因为用户对屏幕的亮度非常敏感，如果调试不够充分，很可能会导致用户二维码扫不出来，或者白天室外看不清手机屏幕上的字，进而引发投诉。

4. Modem 控制

Modem 控制通常选择的传感器是表层传感器、PA 传感器、Modem 相关的 QMI 传感器，具体可根据不同的网络分类进行控制，比如随着 5G 的普及，sub6 和 mmW 毫米

波带来的热量是很高的，因此需要根据不同类型进行温控。Modem 的控制类型主要是由 SoC 厂家决定，同一家 SoC 厂家的不同平台也会有所区别，但通常都是通过控制射频的发射功率、控制上传下载速率或者 5G 回落 4G 等手段。这里要注意，对于 5G 回落 4G 这种做法，运营商一般是不会同意的。

5. 数据控制

因为 Modem 侧的控制有一定局限性，取决于 Modem 的支持能力，所以有能力的手机厂家会选择在框架层打造数据控制逻辑，简言之就是在手机高温的时候不允许联网。

6. 限制充电电流

近年来超过 18 W 的快充逐渐在中低配置普及，高端旗舰机上甚至出现了 200 W 快充的宣传文案。充电本身是一个能量转换过程，不同的充电协议下有不同的能量转换模型。有些协议下是手机电池本身发热严重，有些协议下是充电器本身发热，比如采用 QC 协议就是充电器发热多一些，PD 协议就是电池发热多一些，当温度上升到一定程度时，为了保护电池以及符合国家 3C 标准，系统会适当牺牲一些充电电流，让快充充慢一点，这其实也是为什么往往标称 120 W 快充，但实际发现，120 W 最多坚挺 1 min 或者更短的时间。

上述六种控制手段在项目应用中往往都是交叉使用，因此最重要的部分还是发热控制算法，通常要先用早期样机测试出温度曲线，如图 6-8 所示。

当手机温度达到一个平衡时，看温度是多少度，同时根据图中的拐点以及国家 3C 标准，分不同档位来控制上述六种系统资源，最终达到一个不超过 3C 标准，又不让用户感觉到卡顿的温控参数，这个过程需要精细调优，调优水平的高低也决定了这款手机发售以后能否满足用户大多数使用场景的需求，所以本质上只要没有自家的芯片，国内外手机厂家的核心能力主要是在看谁能更好地调参数，当然能调好参数，用好也不容易。2021 年上半年采用高通 888 平台的很多机型，都没有做到很好的温控，导致很多早期 888 旗舰发布就翻车，在这点上，三星手机选择的是更加保守的策略，甚至连散热材料都很少用，但是早期版本性能还不如 870 平台，所以想做驯龙高手是需要付出不少代价的。

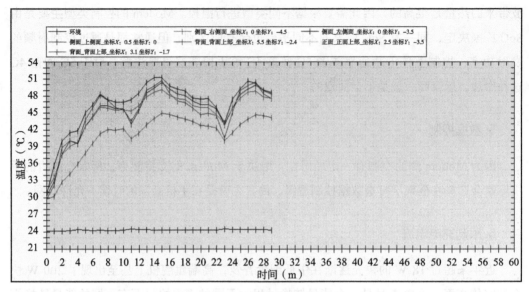

图 6-8　温度曲线示例

需要注意的是，没有一套参数可以适配所有的机型，甚至同一个机型在冬天和夏天都可能需要不同的温控算法，场景划分越细致，消费者体验就会越好。相同平台，外形不同，散热材料使用的差异等，都会成为改变温控参数的主要原因。因此这里也是各手机厂家拼技术实力的地方，既要保障续航能力，又要保障用户对于手机的高性能预期，最简单方案就是只满足国家 3C 标准即可，不过一般行业内的做法是分几个温度档位，根据不同温度采取不同的控制措施。注意，这里是会损失用户体验的，所以每个动作都要慎重考虑，尽量减少波及场景，比如手机发烫，但不能一下子将屏幕亮度调低，因为用户很可能正在户外扫健康码，屏幕亮度低，会导致扫码失败率高。

7. 游戏发热控制

在智能机时代，游戏的发热控制是个智能机调试过程中必不可少的环节，在上面列举的手段中，比如 CPU 限制、GPU 限制、LCD 限制亮度等，都在一定程度上牺牲了应用性能和用户体验，与其说是牺牲，更不如说是找一个性能和发热的平衡点。随着高刷屏的普及，主流的手游都开始推出高刷版本。用户手机既能够满帧运行，又能坚持 30 min 不烫手，但一款水桶机其实真的很难做到，因此衍生出了游戏手机这个细分市场以及散热背夹这类周边产业链。

相对于普通的水桶旗舰机而言，游戏手机的硬件散热条件会更好一些，但软件的调试手段大同小异，重点是通过调整 CPU、GPU 等资源来尽可能满足游戏性能或者选择一个性能的平衡点，既保证发热烫手，又保证长时间游戏过程中不会掉帧特别严重。

6.3.2　媒体扫描优化案例

有时候手机会偶尔出现什么都没有做但发热的情况，而且这个时候点亮屏幕，还可能伴随着一点卡顿感，尤其是配置稍微低一些的手机或者系统比较老的手机，刚开机时会更加明显，其中有一类原因就是多媒体服务一直在后台扫描文件，这是谷歌设定的原生操作，但是扫描的时机有时候与国内用户的使用习惯有冲突，导致一些小问题出现。系统多媒体扫描过程是比较耗电的，时间具体取决于手机里的文件数量多少，不过新手机往往不容易出现，这个动作的目的是操作系统通过对手机中的各种多媒体文件进行扫描，提前建立好缓存，让用户使用多媒体的时候能立刻使用，减少延迟，设计初衷是好的。多媒体扫描代码框架如图 6-9 所示。

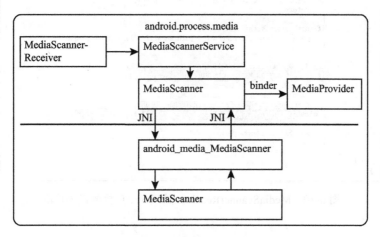

图 6-9　多媒体扫描代码框架

代码在目录 packages/providers/MediaProvider/ 下，逻辑其实并不复杂，其中 android.process.media 是一个全局单例，在不同的 Activity、Service 中获取的对象都是同一个对象，扫描和多媒体的数据库处理就在这个进程中。多媒体扫描主要由三部分组成，第一部分是MediaScannerReceiver，主要用来接收广播，然后启动媒体扫描服务，读者可能会发现在刚开机时打开图库，图片的加载速度会比较慢；第二部分是 MediaScannerService，主要用于扫描多媒体文件；第三部分是 MediaProvider，即媒体扫描数据库，主要用于保存多媒体扫描后的多媒体信息。

1）MediaScannerReceiver 主要监听处理 3 个广播，代码截图如图 6-10 所示。

```java
@Override
public void onReceive(Context context, Intent intent) {
    final String action = intent.getAction();
    final Uri uri = intent.getData();

    Log.d(TAG, "received intent with action: " + action);

    if (Intent.ACTION_BOOT_COMPLETED.equals(action)) {
        // Scan internal only.
        processInternalVolume(context);
    } else {
        if (uri.getScheme().equals("file")) {
            // handle intents related to external storage
            String path = uri.getPath();
            String externalStoragePath = Environment.getExternalStorageDirectory().getPath();
            String legacyPath = Environment.getLegacyExternalStorageDirectory().getPath();

            try {
                path = new File(path).getCanonicalPath();
            } catch (IOException e) {
                Log.e(TAG, "couldn't canonicalize " + path);
                return;
            }

            if (path.startsWith(legacyPath)) {
                path = externalStoragePath + path.substring(legacyPath.length());
            }

            Log.d(TAG, "action: " + action + " path: " + path);
            if (Intent.ACTION_MEDIA_MOUNTED.equals(action)) {
                processInternalVolume(context);
                // scan whenever any volume is mounted
                scan(context, MediaProvider.EXTERNAL_VOLUME, path);
            } else if (Intent.ACTION_MEDIA_SCANNER_SCAN_FILE.equals(action) &&
                    path != null) {
                scanFile(context, path);
            }
        }
    }
}
```

图 6-10　MediaScannerReceiver 处理 3 个广播的代码片段

❑ ACTION_BOOT_COMPLETED 广播：主要作用是当系统启动完毕以后，发起手机内部存储和 SD 卡外部存储的扫描操作（我们的代码在原生的基础上删除了外部存储扫描部分，以降低开机 SD 卡扫描导致的发热和耗电问题）。

❑ ACTION_MEDIA_MOUNTED 广播：主要作用是在 SD 卡挂载完毕后对外置 SD

卡进行扫描。

❑ ACTION_MEDIA_SCANNER_SCAN_FILE 广播：主要作用是处理应用发起的单个文件扫描要求，将需要扫描的文件路径，即可实现单个文件的扫描。

2）MediaScannerService 主要执行扫描操作。

当 MediaScannerReceiver 收到广播后开始扫描，Receiver 会启动 MediaScannerService 服务，如下所示：

```
private void scan(Context context, String volume, String path) {
    Bundle args = new Bundle();
    args.putString("volume", volume);
    args.putString("path", path);
    context.startService(
        new Intent(context, MediaScannerService.class).putExtras(args));
}
```

该 Service 创建的时候，会创建一个单独的线程用于执行扫描操作，同时声明一个名为"MediaScannerService"的锁，执行扫描的过程中抓取该锁直到扫描结束。

```
@Override
public void onCreate() {
    Log.d(TAG, "creating scanner service...");
    PowerManager pm = (PowerManager)getSystemService(Context.POWER_SERVICE);
    mWakeLock = pm.newWakeLock(PowerManager.PARTIAL_WAKE_LOCK, TAG);
    StorageManager storageManager = (StorageManager)getSystemService(Context.
STORAGE_SERVICE);
    mExternalStoragePaths = storageManager.getVolumePaths();
    //单独启动一个线程进行扫描，同时与主线程分开，防止阻塞主线程，导致卡顿
    Thread thr = new Thread(null, this, "MediaScannerService");
    thr.start();
}
```

扫描的过程主要集中在创建的线程 servicehandler 里面。

3）MediaProvider 主要用于维护多媒体文件的数据库，与功耗续航关系不大，这里不做过多解读。

从上面的代码逻辑可知，后台扫描是要持锁的，而且要扫描的文件越多，持锁时间

就越长，这也意味着 CPU 会持续工作，尽管这个过程可能屏幕没有电量，但如果让 CPU 持续地工作，手机发热是迟早的事，因此后台多媒体扫描的时机很重要，原生系统逻辑是开机后就执行，但是对于低配置机来讲，CPU 能力弱，扫描时间就会拖长，用户就可能会感知到刚开机就卡顿，反应慢，这对于刚拿到新手机的用户来讲，体验是非常糟糕的。综合考虑发热和用户体验，一般选择在手机充电且长时间待机的时候进行处理。

6.3.3　GMS 应用功耗优化案例

近年来很多手机厂家都会主动在国内手机中预装 GMS 框架，当然原因有多方面，但这也引发了不少功耗问题，最主要的是 GMS 应用在国内如果不开 VPN 网络，肯定是无法连接到服务器的，由于 GMS 内部实现的问题，经常导致服务器只要连不上，就继续疯狂地连接海外服务器，甚至长时间持锁，让系统无法得到正常休眠。这类问题也是国内一些高端机型经常出现的情况，国内有很多种做法，最简单的方法当然是不预装 GMS 框架，但由于很多因素限制，这可能比较了难以实现，安装上 GMS 框架的好处在于，如果去海外旅游，可以不用担心上网问题，只要有流量，就能上网，一定程度上必须要装，但又会有功耗问题，因此必须对齐采取一系列控制措施。

也许是国内很多厂家提出整改意见，谷歌似乎也意识到了这个问题，并提出了对应的优化方案，谷歌允许手机厂家在无法访问谷歌服务器的时候采取一些控制，但只要能访问谷歌网络的时候，就必须要尽快恢复过来，具体措施如下：

❏ Alarm 方面：允许将 GMS 相关的 Alarm 加入 Alarm 禁用列表，这相当于允许 alarm 对齐；但是要针对具体的 alarm，不能将 GMS 所有的 alarm 全部限制住，至于哪些 alarm 加入禁用列表时，需要与谷歌沟通讨论。另外谷歌强调不能设置得特别长，比如 15 min 已经满足功耗要求，就不能设置为 1 h。

❏ Doze 方面：需要支持动态从 Doze 白名单里面删除或者增加，谷歌的应用都会加入 Doze 白名单，当谷歌服务器网络访问不通时，允许动态修改这个配置。

❏ 网络访问方面：可以把部分 GMS 包加入禁止网络访问的名单中，但前提也是极其苛刻的，限制 GMS 套件访问网络前，谷歌给的预置前提条件比较多，比如，有些域名永远不能被限制，很多组件限制必须与谷歌讨论等，否则测试会不能通过。

最终实现效果上，从电流降低的收益来看还是不错的，比如图 6-11 是优化前 CPU 的使用情况，图 6-12 是优化后 CPU 的使用情况，可以看到优化后的 GMS 应用运行时间基本上为零，效果基本符合预期。

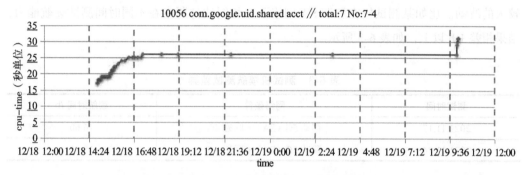

图 6-11　GMS 功耗优化前 CPU 使用率

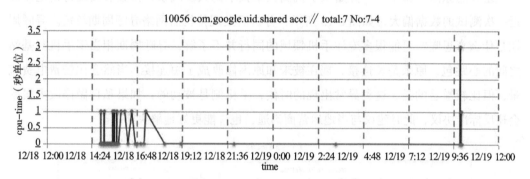

图 6-12　GMS 功耗优化后 CPU 使用率

虽然从收益上看效果是很显著的，但是如果用户连上 VPN，就又会回到优化前的状态，续航会比较差，谷歌套件里的应用的很多代码其实并不是很优美。

6.3.4　5G 网络参数优化案例

虽然国内 5G 网络在不断普及，但仍然有不少地区的网络还有 NSA 和 SA 之分，基站类型不同，配置的参数因为协议原因当然也会有不小的差异，导致很多 5G 手机在 5G 网络下，续航一开始都比在 4G 网络下续航差很多，于是在 5G 普及的早期，大概是 2020 年上半年，在运营商还在酝酿 5G 白皮书之类的一些明文规定之前，各手机厂家都在 5G 网络下采取了各种优化续航的措施，刚开始的确有效，但随着 5G SA 的不断普及，优势也在一点点失去，毕竟 5G 网络覆盖较好的地方，网速带来的体验是不可逆的，不过毕竟还是有很多地方 5G 覆盖率并不高，处于交叉地带，这就会导致一些续航测试结果出现较大波动，甚至同样一个地方，由于基站参数的调整，经常造成续航的波动，而且是较大的波动。比如某测试机在移动 SA 网络下，相同软件版本在不同时间测试续航能力，结果相差 1 h 以上，如表 6-3 所示。

表 6-3　测试机续航测试差异

测试时间	网络条件	续航时间 /h
2021.11.17	移动 5G（SA）+ 联通 4G	16.60
2021.11.24	移动 5G（SA）+ 联通 4G	15.15

差异的原因在哪里，一开始从手机侧根本找不到太多线索，排查后发现待机电流最近一次测试的数据偏大，如图 6-13 所示，分析后发现待机后网络寻呼周期较短。寻呼周期是什么意思呢？可能很多专注手机领域的同行并不了解，寻呼周期相当于手机与基站之间的心跳包，原来是长连接，现在被未知原因修改成了短连接，当然会比较费电费流量，但比较尴尬的是，这种异常出现的时候，手机侧是被动的，如果私自做修改大概率会违反标准协议，此时建议与当地运营商沟通，也许能更好地解决问题。

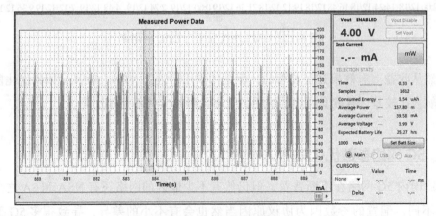

图 6-13　待机电流差异

再来分析另外一个话题，5G 是不是比 4G 更费电，先看下具体电流值对比情况。

1）现网待机对比。

某 888 平台的测试机在不同网络的待机电流如表 6-4 所示，从纯待机场景来看，差距并不是很大，排除误差情况，可以认为基本是相同的，但这仅仅是待机电流，有移动数据业务跑起来就完全不是这样的局面了，5G 网络下会费电很多。

表 6-4　某测试机 4G 现网待机与 5G SA 现网待机电流对比

飞行模式待机 /mA	4G 现网待机 /mA	5G SA 现网待机 /mA
7.5	12.9	13.6

2）长待机对比。

为了更好地模拟用户使用场景，对比前会先安装一些应用，让 4G 和 5G 通道都有不同流量的数据跑起来，再进行长待机测试，这个过程就比较考验各个手机厂家对系统功耗的调优了，毕竟谁也不想一觉醒来发现手机掉了 10% 的电量，这样的体验可以说是糟糕透了。通过测试机和竞品机在不同网络下的长待机对比，结果如表 6-5 所示。与纯待机对比，长待机情况下，会发起短数据连接，可以看到 5G 的工作电流比 4G 下大不少，当然这是平均值，如果只看刚灭屏前 30 min 的电流数据，平均电流会再高出许多，而且电流高低还取决于具体业务的开展，可能同样是看在线视频，5G 下电流也会高出不少。综合来看，5G 下手机续航是会受到一些影响的，所以针对 5G SA 的省电策略还是很有必要的。不过也要相信，随着我国 5G SA 基站的不断普及，基站侧的参数也会不断调优，再加上快充技术的普及，手机电荒应该会得到逐步解决。

5G 早期各手机厂家都有各自的省电方法，比如灭屏后就切到 4G 网络，但随着国家 5G 基站的大量建设，运营商都要求让用户更多地使用 5G SA 网络，因此对入网方面有强制要求，所以 5G 网络侧的省电要达到 4G 网络的效果，还需要一段很长的时间，至少基站侧还需要对 5G 参数做大量优化。

表 6-5　长待机电流对比

版本	网络环境	开始电量	结束电量	耗电量	测试时长 /h	平均电流 /mA
测试机	4G	94%	89%	5%	17	11.76
	5G_SA	96%	87%	9%	17	21.18
竞品机	5G_SA	98%	89%	9%	17	23.29

6.4 应用异常优化案例

系统层面的优化方案更多的是管住某个面，但始终有误伤三方应用功能的可能，对应用本身也不算友好，最关键还是要应用自身就能洁身自好，做到合理使用系统资源、尽量不要疯狂地联网、心跳包拉长一些、外设使用方面做到随用随关等。本节将和大家介绍系统如何管控三方应用对系统资源的滥用行为。

6.4.1 后台应用 CPU 高占优化案例

很多同行可能遇到过这样的情况，手机都已经灭屏了，但还是能从 Systrace 或者 Perffto 上看到有应用存在黑屏绘制的情况，这纯粹是对 CPU 资源的浪费，而且这类黑屏绘制问题与正常的绘制流程的最大区别就是没有 DrawFrame 的过程。这很好理解，因为没有真正的绘制行为，只是浪费 CPU 资源在不断地计算绘制资源。下面举一个典型案例，在某个测试版本中，发现 Dialer 应用一直存在黑屏绘制的问题，刚开机时没有异常，一旦用户接听过一次电话，就会出现黑屏绘制问题，只要 Dialer 进程还活着，这个问题就会一直存在，且 CPU 占用率会维持在 6% 左右，对热比较敏感的用户能感受出来。摸排这样的异常，就只能由应用开发者自行分析代码逻辑来优化了。Systrace 中的表现如图 6-14 所示，后台很干净，甚至大核上也没什么任务，但是小核却被填得比较满，从 CPU 占用时间排序来看，罪魁祸首就是 Dialer 应用，由于是灭屏，因此系统侧只是合成，但 renderthread 并没有把合成的图像绘制出来交给 GPU 去渲染。

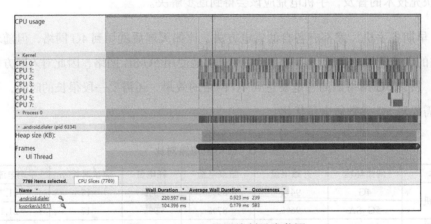

图 6-14　Dialer 黑屏绘制异常截图

负责应用开发的同事往往也会很疑惑，按理说只要不打电话，黑屏后 Dialer 就不会有任何绘制的业务了。进一步查看 Dialer 具体在做什么业务，继续放大其中一帧，很明显地看到每一帧都在做动画，如图 6-15 所示，从 Systrace 上目前能看到的信息基本就是这些，如果要进一步查这个动画是 Dialer 的哪个代码段在做动画，就需要由负责 Dialer应用的同事去排查，当然也可以从系统侧做进一步排查是哪里出现问题，可以在动画的框架代码中埋一些堆栈代码以精确定位。

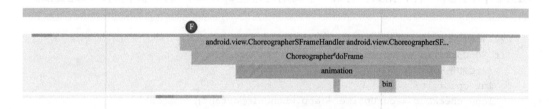

图 6-15 动画绘制异常截图

最终定位到是接听电话时有个动画的实现逻辑有漏洞，导致动画被多次启动，而且一直没有调用结束动画的逻辑，同时发现一些其他隐蔽的动画重复绘制漏洞，优化后的代码对动画状态进行了判断，避免出现重复做不消失的情况。

系统应用本身更应该注意对性能的消耗，图 6-16 是 SystemUI 状态栏应用的 CPU 高占系统记录，SystemUI 可以说是系统中极其重要的应用之一，任何时候都会被用户使用到，如果这类应用的代码出现明显的漏洞，对性能的打击是致命的。

```
03-16 12:42:53.314 13567 13567 F PERF   : 5533  ndroid.systemui  145928     0 145928     0     0  3.03%  0.00%  4.33%  0.00%  7.37% 76.54%
03-16 12:43:23.372 13567 13567 F PERF   : 5533  ndroid.systemui   10256     0  10256     0     0  0.22%  0.00%  0.98%  0.00%  1.20% 80.95%
03-16 12:43:53.428 13567 13567 F PERF   : 5533  ndroid.systemui   33892     0  33892     0     0  0.57%  0.00%  3.98%  0.00%  4.54% 78.83%
03-16 12:44:23.493 13567 13567 F PERF   : 5533  ndroid.systemui   39676     0  39676     0     0  0.84%  0.00%  4.08%  0.03%  4.96% 80.08%
03-16 12:44:53.550 13567 13567 F PERF   : 5533  ndroid.systemui   55544     0  55544     0     0  1.38%  0.00%  4.50%  0.00%  5.88% 78.94%
03-16 12:45:23.614 13567 13567 F PERF   : 5533  ndroid.systemui   75156    28  75184     0     0  1.89%  0.00%  5.38%  0.00%  5.28% 77.65%
03-16 12:45:53.705 13567 13567 F PERF   : 5533  ndroid.systemui  206320     0 206320     0     0  4.49%  0.00%  8.45%  0.00% 12.94% 77.20%
03-16 12:46:23.776 13567 13567 F PERF   : 5533  ndroid.systemui  650952     0 650952     0     0 13.63%  0.00% 10.87%  0.00% 24.50% 67.78%
03-16 12:46:53.832 13567 13567 F PERF   : 5533  ndroid.systemui    8004     0   8004     0     0  0.15%  0.00%  1.64%  0.03%  1.81% 79.01%
03-16 12:47:23.890 13567 13567 F PERF   : 5533  ndroid.systemui   89704     0  89704     0     0  1.78%  0.00%  2.40%  0.00%  4.18% 77.40%
03-16 12:47:53.943 13567 13567 F PERF   : 5533  ndroid.systemui  667172    28 667200     0     0 12.37%  0.00% 13.34%  0.00% 25.71% 67.33%
03-16 12:48:24.060 13567 13567 F PERF   : 5533  ndroid.systemui   54976     0  54976     0     0  2.40%  0.00%  3.53%  0.00%  5.93% 76.23%
03-16 12:48:54.127 13567 13567 F PERF   : 5533  ndroid.systemui  524168     0 524168     0     0 12.12%  0.00% 13.48%  0.00% 25.60% 74.67%
03-16 12:49:24.194 13567 13567 F PERF   : 5533  ndroid.systemui   43624     0  43624     0     0  1.06%  0.00%  5.28%  0.00%  6.34% 87.17%
03-16 12:49:54.282 13567 13567 F PERF   : 5533  ndroid.systemui  560016     0 560016     0     0  9.41%  0.00%  4.48%  0.00% 13.89% 76.40%
03-16 12:50:24.354 13567 13567 F PERF   : 5533  ndroid.systemui  560016     0 560016     0     0 18.65%  0.00%  5.50%  0.00% 24.15% 68.33%
03-16 12:50:54.423 13567 13567 F PERF   : 5533  ndroid.systemui   19516     0  19516     0     0  0.57%  0.00%  2.15%  0.00%  2.71% 83.13%
03-16 12:51:24.492 13567 13567 F PERF   : 5533  ndroid.systemui   95404     0  95404     0     0  1.61%  0.00%  3.02%  0.00%  4.63% 80.13%
03-16 12:51:54.548 13567 13567 F PERF   : 5533  ndroid.systemui   63060     0  63060     0     0  1.29%  0.00%  4.11%  0.00%  5.39% 84.04%
03-16 12:52:24.608 13567 13567 F PERF   : 5533  ndroid.systemui    4980     0   4980     0     0  0.00%  0.00%  2.29%  0.03%  2.47% 81.83%
03-16 12:52:54.690 13567 13567 F PERF   : 5533  ndroid.systemui  192284     0 192284     0     0  6.39%  0.00%  3.48%  0.00%  9.90% 74.71%
03-16 12:53:24.759 13567 13567 F PERF   : 5533  ndroid.systemui  908604     0 908604     0     0 39.98%  0.00% 15.72%  0.00% 55.69% 52.75%
03-16 12:53:54.830 13567 13567 F PERF   : 5533  ndroid.systemui   22868     0  22868     0     0  0.55%  0.00%  4.49%  0.02%  5.06% 73.46%
```

图 6-16 SystemUI CPU 高占

除了上述介绍的典型案例外，还有比如微博服务异常、抖音视频软解码等很多 CPU 高占的案例，针对这类 CPU 高占行为，大厂通常都会对其进行足够严格的管控，只要不影响用户体验，这些应用的命运大多是退到后台就会被 CPU 高占检测机制查杀掉或者管控住，那么 CPU 高占如何统计的呢？

Android 8.0 原生 CPU 高耗电检测的主函数在 AMS 的 checkExcessivePowerUsage Locked() 函数中，AMS 会在应用切换为后台后，每隔 5 min 进行检测，不同的周期判断 CPU 的占用比不一样，比如，若第一个周期内超过 25% 即为 CPU 高耗电，以此类推。

```
// 如果太费电，就清理掉这个应用
if (doCpuKills && uptimeSince > 0) {
  // CPU使用统计
  int cpuLimit;
  long checkDur = curUptime - app.whenUnimportant;
  if (checkDur <= mConstants.POWER_CHECK_INTERVAL) {
      cpuLimit = mConstants.POWER_CHECK_MAX_CPU_1;
  } else if (checkDur <= (mConstants.POWER_CHECK_INTERVAL*2)
              || app.setProcState <= ActivityManager.PROCESS_STATE_HOME) {
      cpuLimit = mConstants.POWER_CHECK_MAX_CPU_2;
  } else if (checkDur <= (mConstants.POWER_CHECK_INTERVAL*3)) {
      cpuLimit = mConstants.POWER_CHECK_MAX_CPU_3;
  } else {
      cpuLimit = mConstants.POWER_CHECK_MAX_CPU_4;
  }
private static final int DEFAULT_POWER_CHECK_MAX_CPU_1 = 25;
private static final int DEFAULT_POWER_CHECK_MAX_CPU_2 = 25;
private static final int DEFAULT_POWER_CHECK_MAX_CPU_3 = 10;
private static final int DEFAULT_POWER_CHECK_MAX_CPU_4 = 2;
```

CPU 高占行为通常伴随有多种特征，应用正常情况下使用 CPU 不会维持很长时间，但有些应用退出到后台以后，依然会保持较高 CPU 占用率且维持超过 30 min，那必然会有耗电风险。当然这里排除一些后台高速下载的特殊情况，不过这就取决于如何判断一个进程在前台还是后台。另外更常见的 CPU 高占行为是隐秘性更强的 CPU 占用率低但是时间长。比如虽然 CPU 占用在 1%~5%，但可能整个待机过程中都会存在，有些甚至一旦被触发就一直高占，针对类似行为，使用谷歌原生机制通常是没用的，需要做一些衍生控制手段，而怎样控制得更好，也算是各个手机厂家的核心技术了。

出现 CPU 高占行为时通常都会伴随着手机微微发热、卡顿，严重的 CPU 高占行为甚至会导致系统直接卡死。笔者曾经遇到过一次相机守护进程异常，导致锁屏应用启动人脸解锁时无法启动相机进行拍照，此时人脸解锁进程会疯狂地尝试拉起相机守护进程，导致 CPU 占用率高达 99%，手机直接卡死、发烫。CPU 高占问题一般只要保存有相对完整的日志或者有复现场景，都比较好找到问题起因，但对于应用本身而言，想找到具体什么逻辑导致 CPU 高占，有时候还是比较困难的，不过结合日志与 Systrace 现场，基本都能找到一些主要线索。

6.4.2　后台应用频繁唤醒优化案例

Alarm 唤醒是导致续航差最常见的一类，比如有时候会出现手机充满电，待机 7 h 左右，耗电超过 20%，从日志里可以看到某应用在上层唤醒系统的频率基本维持在 1 min1 次，每次发起 Alarm 的个数可能有 1 个或者多个，如图 6-17 所示。

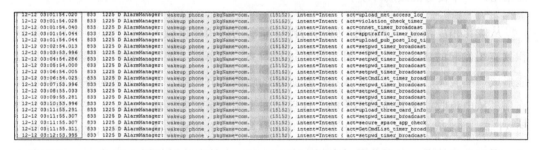

图 6-17　应用发起异常 Alarm

由于上层发起的这些 Alarm 都是 Wakeup 类型，1 次 1 min，所以它对底层的唤醒频率必定也是 1 次 /min。但是底层唤醒的原因众多，有可能在定时器要唤醒系统的时候，系统早已被其他原因唤醒，看上去 Alarm 的唤醒频率反而下降了，实际上上层发起了唤醒动作，就一定会下发到内核，如果内核是休眠的，就会唤醒系统。

对整个待机过程进行了统计，累积待机时间为 438 min，Alarm 唤醒有 228 次，平均唤醒 0.52 次 /min；Modem 唤醒 1544 次，平均唤醒 3.53 次 /min，一共唤醒有 1808 次，平均 4.13 次 /min。从统计数据看，Modem 类唤醒占了 85%，Alarm 唤醒占 13%，由于 Modem 唤醒系统更加频繁，所以在底层 Alarm 的唤醒频率看上去像是被稀释了，只有 0.52 次 /min。但如果没有 Modem 唤醒的影响，其频率一定大于 1 次 /min。

很多从业者会选择 Alarm 对齐的方案来进行功耗优化，的确目前很多应用都集成了各种强大的 Push 通道，存在很多心跳机制，每隔几分钟就会唤醒系统，多个应用的心跳不统一的话会造成系统频繁被唤醒，增加待机功耗，Alarm 对齐能够应付大部分情况下，但针对系统应用或者对齐白名单的应用就完全不起作用了，尤其是一些定制应用或者国民级别的应用，通常不会对齐处理，比如微信等。

对齐方案本身也存在不可靠的情况，因为不可能对齐所有的 Alarm，比如一些日历类、闹钟类的 Alarm，一旦被对齐就可能会导致闹钟唤醒得不及时，当然，有些强势的手机 ROM 会选择一视同仁，只要不是系统自带的闹钟或者日历，其他三方闹钟日历一律执行对齐，续航的确好了一些，但对于用户以及应用开发者就不够友好了，毕竟 Android 是个自由市场，最终结果如何就看手机厂家和各个应用之间的适配情况，这也是目前出现不少软件联盟的初衷，大家都在一个绿色环境中，相互遵守对方的规则，尽可能给用户一个良好的续航环境。

从优化角度来看，针对用户常用的排名靠前的应用建议做大量的测试，然后不断地积累应用发起的 Alarm 类型，针对性地进行对齐，而不是一刀切，这样积累数年以后就能形成一些技术管控方案，形成一个加强版的唤醒对齐机制。至于唤醒对齐到底有没有作用，从电流收益来看还是不错的。这里用一个实例来证明，在 Alarm 对齐加强版与普通 Alarm 对齐版本上都安装中华万年历与网易新闻，并设置为唤醒对齐白名单。灭屏待机，观察电流情况，发现普通对齐版本在 100 min 内的电流图如图 6-18 所示，平均电流为 17.31 mA。

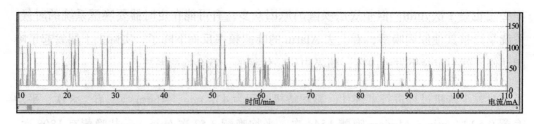

图 6-18　普通唤醒对齐待机电流图

Alarm 对齐加强版的电流图如图 6-19 所示，平均电流为 15.6 mA，无论是从唤醒次数还是从电流数据来看，加强版效果更好，但同时要注意对功能的影响。

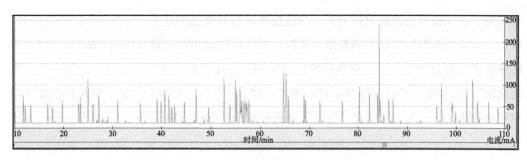

图 6-19　增强版唤醒对齐待机电流图

这里也提一些对应用开发的建议，尽量不要在灭屏后大量发起唤醒任务让系统起来做业务，正常拉活，跟随用户用机行为收发业务数据即可，如果应用行为被系统检测出高耗电行为，通常会分为好几个级别，如果被触发最严格控制级别，将很难再有拉活的机会。

6.4.3　后台应用频繁联网优化案例

长待机过程中续航不够优秀的原因有很大一部分是后台开了白名单的应用或者没有被管控住的应用在后台频繁联网，进而引发长待机状态的高电流。对用户而言，如果夜间不充电，放一晚上，早上起来最直观的感受就是，手机没电了或者耗电超过 5%，一般来讲，手机待机 8 h 掉电不超过 5% 算基本达标，如果能做到 3% 以内，就比较优秀了，长待机电流一般不建议超过 20 mA，续航好当然也是要付出代价的。你是否遇到过在王者荣耀退后台回个微信再返回，发现要重新连接服务器，是否有遇到过沉浸在工作中好几个小时不看手机，在突然拿起手机时，发现微信上收到无数重要消息，然而手机却没有通知，这些可以算得上是优化的副作用，但更多还是要控制住，如图 6-20 所示，某生活类应用 App 在灭屏后还在不断收发数据，而且业务量不小。

一般比较容易出现后台频繁联网的情况就是各种三方应用的心跳包短连接，在长待机情况下，应用其实本身很少有主动发起业务数据的需求，大部分都是心跳数据，当用户正常使用但灭屏的时候，对手机系统而言也希望应用尽可能不要发起不必要的网络请求，最好不要收发数据，当然前提是这个应用还活着，还有机会在后台捣乱。现在的大部分手机系统中对三方应用采用一种叫作智能管控的方案，也就是说应用能否在后台活动取决于系统提供的智能管控方案，当然这些管控方案也都是手机厂家多年的经验积累，根据三方应用的行为特征不断总结出来的，用户也可以选择在最近使用（recent APP）界面中将应用设置为永远不被系统管控，这就相当于用户在系统中给了这个应用一个"免死金牌"，至少是一段时间不被杀掉的免死金牌，一些续航控制较好的手机系统在遵守用户行为的前提下，也会对这类"特殊"应用采取一些管控措施。

```
11:52:29.599 I [com.t        ] packets: 108 bytes/s, realpackets: 107 (rxB:0 txB:540 rxP:0 txP:9)  scroff: true
11:52:34.618 I [com.t        ] packets: 48 bytes/s,  realpackets: 47  (rxB:0 txB:240 rxP:0 txP:4)  scroff: true
11:52:39.638 I [com.t        ] packets: 84 bytes/s,  realpackets: 83  (rxB:0 txB:420 rxP:0 txP:7)  scroff: true
11:52:44.654 I [com.t        ] packets: 180 bytes/s, realpackets: 179 (rxB:0 txB:900 rxP:0 txP:15) scroff: true
11:52:49.671 I [com.t        ] packets: 120 bytes/s, realpackets: 119 (rxB:0 txB:600 rxP:0 txP:10) scroff: true
11:52:54.692 I [com.t        ] packets: 48 bytes/s,  realpackets: 47  (rxB:0 txB:240 rxP:0 txP:4)  scroff: true
11:52:59.712 I [com.t        ] packets: 84 bytes/s,  realpackets: 83  (rxB:0 txB:420 rxP:0 txP:7)  scroff: true
11:53:04.733 I [com.t        ] packets: 180 bytes/s, realpackets: 179 (rxB:0 txB:900 rxP:0 txP:15) scroff: true
11:53:09.752 I [com.t        ] packets: 120 bytes/s, realpackets: 119 (rxB:0 txB:600 rxP:0 txP:10) scroff: true
11:53:14.774 I [com.t        ] packets: 60 bytes/s,  realpackets: 59  (rxB:0 txB:300 rxP:0 txP:5)  scroff: true
11:53:19.793 I [com.t        ] packets: 72 bytes/s,  realpackets: 71  (rxB:0 txB:360 rxP:0 txP:6)  scroff: true
11:53:24.813 I [com.t        ] packets: 180 bytes/s, realpackets: 179 (rxB:0 txB:900 rxP:0 txP:15) scroff: true
11:53:29.837 I [com.t        ] packets: 120 bytes/s, realpackets: 119 (rxB:0 txB:600 rxP:0 txP:10) scroff: true
11:53:34.858 I [com.t        ] packets: 60 bytes/s,  realpackets: 59  (rxB:0 txB:300 rxP:0 txP:5)  scroff: true
11:53:39.871 I [com.t        ] packets: 72 bytes/s,  realpackets: 71  (rxB:0 txB:360 rxP:0 txP:6)  scroff: true
11:53:44.900 I [com.t        ] packets: 180 bytes/s, realpackets: 179 (rxB:0 txB:900 rxP:0 txP:15) scroff: true
11:53:49.918 I [com.t        ] packets: 120 bytes/s, realpackets: 119 (rxB:0 txB:600 rxP:0 txP:10) scroff: true
11:53:54.930 I [com.t        ] packets: 60 bytes/s,  realpackets: 59  (rxB:0 txB:300 rxP:0 txP:5)  scroff: true
11:53:59.948 I [com.t        ] packets: 84 bytes/s,  realpackets: 83  (rxB:0 txB:420 rxP:0 txP:7)  scroff: true
11:54:04.964 I [com.t        ] packets: 168 bytes/s, realpackets: 167 (rxB:0 txB:840 rxP:0 txP:14) scroff: true
11:54:09.977 I [com.t        ] packets: 120 bytes/s, realpackets: 119 (rxB:0 txB:600 rxP:0 txP:10) scroff: true
11:54:14.994 I [com.t        ] packets: 60 bytes/s,  realpackets: 59  (rxB:0 txB:300 rxP:0 txP:5)  scroff: true
11:54:20.010 I [com.t        ] packets: 84 bytes/s,  realpackets: 83  (rxB:0 txB:420 rxP:0 txP:7)  scroff: true
11:54:25.027 I [com.t        ] packets: 168 bytes/s, realpackets: 167 (rxB:0 txB:840 rxP:0 txP:14) scroff: true
11:54:30.042 I [com.t        ] packets: 120 bytes/s, realpackets: 119 (rxB:0 txB:600 rxP:0 txP:10) scroff: true
11:54:35.055 I [com.t        ] packets: 60 bytes/s,  realpackets: 59  (rxB:0 txB:300 rxP:0 txP:5)  scroff: true
11:54:40.069 I [com.t        ] packets: 84 bytes/s,  realpackets: 83  (rxB:0 txB:420 rxP:0 txP:7)  scroff: true
11:54:45.088 I [com.t        ] packets: 180 bytes/s, realpackets: 179 (rxB:0 txB:900 rxP:0 txP:15) scroff: true
11:54:50.102 I [com.t        ] packets: 108 bytes/s, realpackets: 107 (rxB:0 txB:540 rxP:0 txP:9)  scroff: true
11:54:55.119 I [com.t        ] packets: 60 bytes/s,  realpackets: 59  (rxB:0 txB:300 rxP:0 txP:5)  scroff: true
```

图 6-20　后台频繁联网日志

谷歌在 Android 系统中其实制定了联网管控策略，比如前面章节提到的 Doze 模式，前提是系统要能正常进入 Doze 模式。下面介绍一些控制后台网络的几个重要服务。

ConnectivityService 是系统网络连接管理服务，也是整个 Android 框架层网络框架的核心类。主要处理 App 网络监听和请求，通知网络变化；处理 Wi-Fi、Telephony、Ethernet 等各个链路的网络注册，更新链路信息；以及网络检测、评分与网络选择。

NetworkPolicyManagerService 是网络策略管理服务，一般指对 App 的网络限制和放行，通过 Netfilter 来实现，很多系统自带的手机管家里有一个后台流量控制功能，通常就是使用这个服务来实现，如图 6-21 所示。

NetworkManagementService 是网络管理服务，为 ConnectivityService 和其他框架中的服务建立了与网络值守线程 Netd 之间通信的渠道。NetworkPolicyManagerService

对各个 UID 的策略最终都会通过 NetworkManagementService 向 Netd 发送。另外，Network-ManagementService 还会监听 Netd 服务的状态，处理 Socket 返回的消息，如 Bandwidth/Iface/Route/Address/Dns Server 等的变化，同时将这些变化通知"感兴趣"的模块。

NetworkStatsService 是网络数据收集服务，如各个 App 上下行网络流量的字节数等。App 或者其他服务可以通过该服务获取网络流量信息等。

图 6-21　后台流量控制功能

Netd 守护进程负责 Android 网络的管理和控制。负责监听内核消息并通知 NMPS；防火墙设置（Firewall）；处理网络地址转换（NAT）；进行网络共享配置（如 SoftAP、USB 网络共享）等。

当然，上述几个服务都是框架对外提供的接口，本质上还是通过最底层协议控制，最简单直接的方式就是通过 iptables 对应用包名直接进行网络限速，方法也比较简单。

网络限速的方法是使用 iptables 的 -m limit 规则，配合使用 --limit-burst 来更准确地实现限速，参数说明如表 6-6 所示。

表 6-6　iptables 的 -m limit 规则

命　令	--limit
举例	iptables -A INPUT -m limit --limit 3/hour
备注	为 limit match 设置最大平均匹配速率，也就是单位时间内 limit match 可以匹配几个包。它的形式是一个数值加一个时间单位，时间单位可以是 /second、minute、hour、day 。默认值是 3 次 /h（用户角度），也就是每 20 min1 次（iptables 角度）
Match	--limit-burst
举例	iptables -A INPUT -m limit --limit-burst 5
备注	这里定义的是 limit match 的峰值，就是在单位时间（这个时间由上面的 --limit 指定）内最多可匹配几个包（由此可见，--limit-burst 的值要比 --limit 的值大）。默认值是 5 。为了观察它是如何工作的，你可以启动"只有一条规则的脚本"Limit- match.txt，然后用不同的时间间隔，发送不同数量的 ping 数据包。这样，通过返回的 echo replies 就可以看出其工作方式了

示例如下：

```
iptables -A INPUT -m limit --limit 200/s --limit-burst 200 -j ACCEPT
iptables -A INPUT -j DROP
```

示例说明:

limit 规则工作方式就像一个单位大门口的保安,当有人要进入时,需要找他办理通行证。早上上班时,保安手里有一定数量的通行证,来一个人,就签发一个,当通行证用完后,再来人就进不去了,但他们不会等,而是到别的地方去(在 iptables 里,这相当于一个包不符合某条规则,就会由后面的规则来处理,如果都不符合,就由缺省的策略处理)。不过这里有个规定,每隔一段时间保安就要签发一个新的通行证。这样,后面来的人如果恰巧赶上,也就可以进去了。如果没有人来,那通行证就保留下来,以备来的人用。如果一直没有数据,可用的通行证的数量就增加了,但不是无限增大,最多是刚开始时保安手里的数量。也就是说,刚开始时,通行证的数量是有限的,但每隔一段时间就有新的通行证可用。

上面给出的" iptables -A INPUT -m limit --limit 200/s --limit-burst 200 -j ACCEPT"表示开始时有 200 个通行证,用完之后每 50 ms 增加一个通行证,只有拿到通行证的数据包才可以正常通过;没有拿到通行证的数据包就要匹配下个规则,而下个规则就是丢弃所有 INPUT 的数据包,即没有拿到通行证的数据包就被丢弃了。换句话说,每秒只允许收发 200 个数据包,对于用户而言感知就是网速大概在 400 KB/s,相比 5G 速度而言,已经被限制到很低的速率了。

值得注意的是,iptables 机制本身在实现的时候并没有想象得那么可靠,也许被触发多次以后就会发现这个管控机制出了 bug,虽然设置的参数都是正常的,但就是有些应用没法上网,且手机重启就恢复了,所以并非官方的东西一定好,找出问题所在并改造来为我所用,才是硬道理。

6.4.4 后台应用蓝牙扫描优化案例

为什么要优化蓝牙扫描呢?还是后台扫描?同行们在自用或者分析续航问题时,是否遇到过如图 6-22 所示的情况,蓝牙耗电排行第一,居然比屏幕耗电还多 50% 以上。

由图 6-22 可以看出,蓝牙耗电基本占用了快一半的电量,经过售后同事的沟通发现

用户安装了一些代码并不是很规范的运动类应用，并采购了配套的手表，用户手表在没

电以后的一段时间里，出现了蓝牙高耗电的问题，这类问题
其实在 IoT 设备逐渐普及的过程中比较常见。蓝牙功耗优化
主要有两种方法，在没有设备连接时，控制好发起蓝牙扫描
的频次，在有设备连接时，控制好进入低功耗状态的状态
机，尽可能进入低功耗状态。

这个耗电场景的前置条件是，用户之前正常使用该手表
和运动 App 连接过，后来手表低电关机后再也没有连接过，
起初怀疑是手机端运动 App 不断对手表发起连接，由于蓝
牙扫描和连接的过程不会体现在状态栏蓝牙图标上，所以用
户是无感知的。但根据用户反馈，手表放在了酒店，带着手
机外出后才出现了蓝牙耗电量高的情况。

于是可疑点就落在了后台蓝牙扫描上，很可能是手机上
安装的支持 BLE 的应用在后台不断发起扫描，导致耗电高。

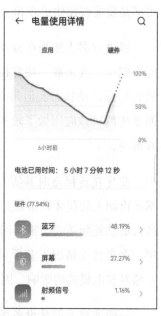

图 6-22 蓝牙耗电异常

经过测试对应的手表配对 App 发现，该运动 App 的确存在一个 bug，在打开通知消
息推送后，即使该运动 App 在后台，当系统收到其他应用发来的普通通知时，这个运动
类 App 也会在后台尝试自动重连。也就是说，如果手机收到 100 条微信消息，这个 App
就会发起 100 次自动重连蓝牙设备的请求，进而导致手机被频繁地唤醒去重连之前连接
成功过的设备，引发高耗电。从运动 App 的逻辑上来讲，当系统发来一个消息，将消息
同步给手表，然后手表做出震动提醒，这是符合设计逻辑的，但是如果 App 已经检测到
了手表失联，就不应该再继续疯狂地发起重连动作，虽然蓝牙扫描动作是一个被动触发
的行为，但系统会不断被唤醒，加上前面章节提到，类似微信这类国民级 App，手机厂
家一般都不会对其消息通知进行处理，这就意味着这个手机随时随地都在扫描蓝牙设备。

怎么解决呢？最直接的方法是找到异常 App 的开发商进行修改，但时效性可能不会
太高，有些手表的开发者甚至已经找不到了。此时，从系统侧而言，系统必须要对这一
类异常行为做出管控，比如通过一些高耗电提醒类的通知，提醒用户适当关闭这类应用，
但很多用户就算收到提醒，也不会选择关掉这个应用，因为手表类 App 是很常用的，今

天手表没电不代表后面手表就不用了，因此系统除了保证手表和 App 连接态的续航外，更多是要能管控住手表和 App 失联时各种异常的后台耗电行为。

解决方案当然是在蓝牙模块做一些兼容性的修改，如果发现有应用连接蓝牙设备适配不成功，就采取一些管控措施，比如蓝牙设备没有连接成功前，就不要让这个应用在后台保持活动状态。但是这也会有一些副作用，如果用户喜欢用这个应用的跑步功能，而系统侧对该应用做了较多管控后，可能会导致计步不准确的问题，不过这个问题相对好解决。

蓝牙在连接态时其实有 3 种省电模式，分别是 sniff mode、hold mode、park mode。基本市面上的蓝牙设备都支持 sniff mode，后两种很少有蓝牙设备能支持。因此在分析连接态的功耗问题时，重点回答如下三个问题即可，第一个是对端设备支持什么省电模式；第二个是什么情况下蓝牙设备应该处于什么模式，如何与系统状态匹配；第三个是连接策略对省电模式的影响，因为该策略可以禁用和使能省电模式。

一般连接上蓝牙设备后引发功耗问题的场景较少，日常遇到的问题更多是由设备断开后引发的，此时最好把蓝牙关一次，大部分问题能得到缓解。

6.4.5 后台应用频繁定位优化案例

定位功能现在几乎所有 App 都会用到，但是否真的是按需使用，需要进一步考量，因此也建议应用开发同人们按需调用，尤其不要随意注册高精度的定位，这对功耗要求是极高的。关于 GPS，本节对 LocationManager 做一些简单的介绍。

LocationManager 是位置服务的核心组件，大家应该不会陌生，它提供了一系列方法来处理与位置相关的问题，比如查询上一个已知位置，定期更新设备的地理位置，或者当设备进入给定地理位置附近时，触发应用指定意图等。下面介绍关于获取定位信息的操作方式。

首先是获取 LocationManager 对象，注意，这些系统类服务都是它不能直接实例化的。获取示例的代码如下，直接通过 getSystemService 接口获取。

```
LocationManager lm = (LocationManager) getSystemService(Context.LOCATION_SERVICE);
```

应用开发者可以根据业务需求来选择 LocationProvider 中定义好的几种不同定位模式。定位模式有以下四种主要类型。

1）GPS_PROVIDER：通过 GPS 来获取地理位置的经纬度信息，优点是获取地理位置信息的精确度高，缺点是只能在户外使用，获取经纬度信息耗时、耗电。

2）NETWORK_PROVIDER：通过移动网络的基站或者 Wi-Fi 来获取地理位置，优点是只要有网络，就可以快速定位，室内室外都可以，缺点是精确度不高。

3）PASSIVE_PROVIDER：这是一种被动接收更新地理位置信息的类型，不用自己请求地理位置信息，可以理解为蹭一个定位结果。它返回的位置是通过其他数据库（provider）产生的，可以通过查询 getProvider() 方法来判断位置更新的由来，需要 ACCESS_FINE_LOCATION 权限。如果未启用 GPS，则此 provider 可能只返回粗略位置匹配。

4）FUSED_PROVIDER：组合定位，组合来自多个位置源的输入，因此严格来讲只有上面三种定位模式。

获取 provider 的方法有 getProviders、getAllProviders、getBestProvider（根据一组条件来返回合适的 provider）。

Android S 版本对定位权限要求更加严格，提出了精准定位和粗略定位，其实也更好地保护了用户隐私，同时在一定程度上降低了定位次数。比如对于某些购物类应用，其实不需要精确定位到用户的经纬度，只需要定位到县一级即可，但对于外卖类型应用，就需要高精度的定位数据，但应用使用定位权限都需要弹出如图 6-23 所示的权限框，得到用户授权后才能获得定位结果。下面对两种定位模式做进一步解剖。

1）ACCESS_FINE_LOCATION 是精确位置，如果使用 GPS_PROVIDER 或者同时使用 GPS_PROVIDER 和 NETWORK_PROVIDER，需声明该权限，它对于这两个 provider 都是有效的。

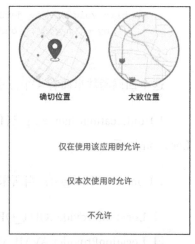

图 6-23　Android S 版本 GPS 定位
权限提示对话框

2）ACCESS_COARSE_LOCATION 是粗略位置，只针对 NETWORK_PROVIDER。

这里提出一个问题，假如你正在开发一个天气 App，需要高精度定位还是大致位置呢？

写过类似逻辑的读者可能还记得，要获取定位信息需要注册一个位置监听器，因为定位信息并不会立刻返回，当然一般情况下很快，如果在室内而且手机中又没有缓存之前的定位信息，返回定位信息就会慢一些。注册位置监听器来接收结果的 demo 代码如下。

```java
private final class MyLocationListener implements LocationListener{
    public void onLocationChanged(Location location) {
        Log.e("mygps", "onLocationChanged" + location.toString());
    }

    public void onStatusChanged(String provider, int status, Bundle extras) {
        Log.e("mygps", "onStatusChanged" + status);
    }

    public void onProviderEnabled(String provider) {
        Log.e("mygps", "onProviderEnabled");
    }

    public void onProviderDisabled(String provider) {
        Log.e("mygps", "onProviderDisabled");
    }}
```

这个回调函数里面有 4 个方法，简要介绍如下。

1）onLocationChanged：当位置发生改变后就会回调该方法，经纬度相关信息存在 Location 里面；

2）onStatusChanged：当所采用的 provider 状态改变时回调，有 3 种状态。

❑ LocationProvider.OUT_OF_SERVICE = 0：无服务。

❑ LocationProvider.AVAILABLE = 2：provider 可用。

❑ LocationProvider.TEMPORARILY_UNAVAILABLE = 1：provider 不可用。

3）onProviderEnabled：当 provider 可用时被触发，比如当定位模式切换到了使用精确位置时，GPSProvider 会回调该方法。

4）onProviderDisabled：当 provider 不可用时被触发，比如当定位模式切换到了使用网络定位时，GPSProvider 会回调该方法。

在获取位置前先判断一下要调用的 provider 是否可用；

```
if (mLocationManager.isProviderEnabled(LocationManager.GPS_PROVIDER)) {
  locationManager.requestLocationUpdates(LocationManager.GPS_PROVIDER, 5,10,
locationListener);
}
```

这个方法表明要跟踪 GPS 位置的变化，并且每 5 s 刷新一次，同时，两次位置的间隔要超过 10 米。关于 requestLocationUpdates 有一些问题需要注意，上面代码中传入的是 Listener，其实也可以用 PendingIntent 来代替 Listener，当位置更新时会通过广播回调，使用 2 个键 KEY_LOCATION_CHANGED 和 Location 来接收位置变化；函数传参时可以传递一个 Looper，如果不指定的话，则调用线程必须是一个 Looper 线程，比如调用 Activity 的主线程，如果指定了 Looper，则在提供的 Looper 线程上进行回调。

最后一定要注意，在不需要位置信息时要及时移除监听器，以免引起功耗问题。

```
locationManager.removeUpdates(locationListener);
```

接下来分析一些频繁发起定位引起的功耗问题案例。在一次续航异常日志中，客户预装的某个应用在退到后台以后，还在不断唤醒系统，大概是 1 min1 次，且每次唤醒后就发起定位，通过 Alarm 唤醒的恶劣行为，日志输出如图 6-24 所示。

每次发起 GPS 调用的异常截图如图 6-25 所示，1 min 发起 1 次 GPS 定位，如果 1 次 GPS 定位需要消耗 40 mA 的电量，那这个电量消耗对任何用户而言都是完全不可接受的，如果控制不好，就会出现手机放在桌面或者放在包里外出一段时间后掉电很严重的情况，同时伴随整机发热的问题。

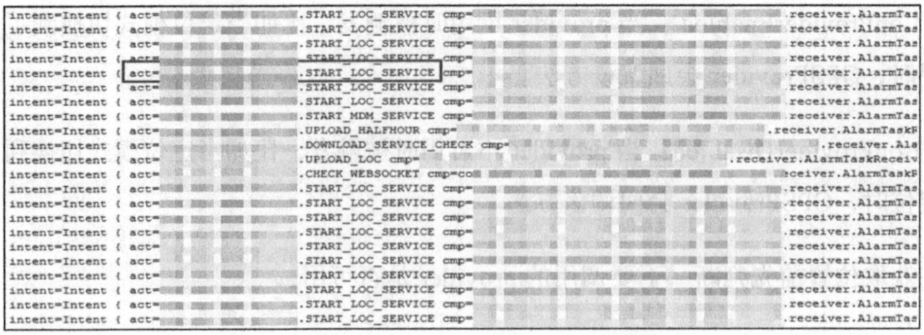

图 6-24 预装应用 Alarm 频繁唤醒系统异常

图 6-25 预装应用频繁发起 GPS 定位异常

还有一种情况，就是基础定位组件本身出现问题，比如腾讯或者百度都有自己的定位组件，这类定位组件除了发起定位之外，还会伴随着移动数据流量业务，因为这类组件的业务目的就是定位和上报服务器，在特殊情况下，如果定位组件出现异常，如图 6-26 所示，且不断 ping 某些连不上的服务器，导致 GPS 耗电的同时还引起了射频耗电，如果系统侧不采取管控措施，续航就会崩塌。

解决方案是什么呢？除了三方应用开发者自行优化代码逻辑外，系统侧通常也会对各种定位需求做一些优化，每个手机系统各有不同。比如，如果 1 min 内已经有定位数据了，那就缓存起来，当这 1 min 内其他应用发起 GPS 请求时，就直接返回缓存数据，不再继续发起定位。当然这是一种很粗糙的、一刀切的改进方式，如果应用正在导航，那就要随时返回高精度的定位。在实际场景中，需要进一步判断应用本身的行为来不断改进优化算法，从而做到尽可能不伤及无辜。

```
11-29 11:02:58.145  3713  4073 W System.err: java.net.UnknownHostException: Unable to resolve host "lbs.map.qq.com": No address
11-29 11:03:15.349  3713  4073 W System.err: java.net.UnknownHostException: Unable to resolve host "lbs.map.qq.com": No address
11-29 11:03:15.829  3713  5478 W System.err: java.net.UnknownHostException: Unable to resolve host "lbs.map.qq.com": No address
11-29 11:03:39.537  3713  6480 W System.err: java.net.UnknownHostException: Unable to resolve host "lbs.map.qq.com": No address
11-29 11:06:14.421  3713  7587 W System.err: java.net.UnknownHostException: Unable to resolve host "lbs.map.qq.com": No address
11-29 11:06:48.793  3713  7587 W System.err: java.net.UnknownHostException: Unable to resolve host "lbs.map.qq.com": No address
11-29 11:07:14.173  3713  7587 W System.err: java.net.UnknownHostException: Unable to resolve host "lbs.map.qq.com": No address
11-29 11:18:27.158  3713 12711 W System.err: java.net.UnknownHostException: Unable to resolve host "lbs.map.qq.com": No address
11-29 11:18:27.170  3713 12711 W System.err: java.net.UnknownHostException: Unable to resolve host "lbs.map.qq.com": No address
 11-29 11:45:24.976  3713 22055 W System.err: java.net.UnknownHostException: Unable to resolve host "lbs.map.qq.com": No address
 11-29 11:48:27.268  3713 23034 W System.err: java.net.UnknownHostException: Unable to resolve host "lbs.map.qq.com": No address
 11-29 11:55:53.850  3713 24948 W System.err: java.net.UnknownHostException: Unable to resolve host "lbs.map.qq.com": No address
 11-29 11:55:53.854  3713 24948 W System.err: java.net.UnknownHostException: Unable to resolve host "lbs.map.qq.com": No address
 11-29 11:56:20.425  3713 24949 W System.err: java.net.UnknownHostException: Unable to resolve host "lbs.map.qq.com": No address
 11-29 11:56:42.257  3713 24949 W System.err: java.net.UnknownHostException: Unable to resolve host "lbs.map.qq.com": No address
 11-29 11:57:22.041  3713 24949 W System.err: java.net.UnknownHostException: Unable to resolve host "lbs.map.qq.com": No address
 11-29 11:57:22.221  3713 24949 W System.err: java.net.UnknownHostException: Unable to resolve host "lbs.map.qq.com": No address
 11-29 11:58:38.596  3713 24949 W System.err: java.net.UnknownHostException: Unable to resolve host "lbs.map.qq.com": No address
```

图 6-26　融合定位组件异常

6.4.6　应用异常持有亮屏锁优化案例

亮屏锁是阅读类应用和视频类应用经常使用的一种锁，持有该锁可以保证手机屏幕常亮，不会因为设置的自动灭屏时间到了而灭屏，干扰到用户的正常使用。正常情况下应用退出，或者退出应用的某一个界面时这个锁就会被释放掉。但意外总是不可避免，当应用异常退出时，亮屏锁可能没有被正常释放，导致自动灭屏功能失效，此时用户只能通过电源键手动灭屏。如果用户没有主动灭屏，手机就会保持常亮，导致异常耗电并伴随发热问题。手机厂家一般都会主动检测这种异常，主动释放掉亮屏锁来确保续航。

笔者建议应用开发此类功能时，通过 FLAG_KEEP_SCREEN_ON 来保持屏幕常亮，尽量不要使用亮屏锁，如果需要常亮功能的 Activity，可以增加这个标签，代码如下。

```
getWindow().addFlags(WindowManager.LayoutParams.FLAG_KEEP_SCREEN_ON)//增加

getWindow().clearFlags(WindowManager.LayoutParams.FLAG_KEEP_SCREEN_ON)//清除
```

当程序退到后台或者返回其他界面时，系统也并不强制应用去清除这个标签，窗口管理器会统一管理，如果确实需要在同一个界面里释放，也可以通过清除标签的代码来控制。

后　记

　　写作过程中总是想介绍更多的基础知识，让读者对基本原理有透彻的认识，但随着细节的不断深入，我发现自己也有很多不熟悉的地方，还需要继续充电，若有低级错误还望读者体谅。文中的很多案例和管控方案限于当时的项目节点，只是为了快速解决当时遇到的问题，或多或少有些一刀切的思维，实际上很多都值得深思，然后选择一个更加完备的方案。

　　最后，性能优化之路永无止境，我和我的团队也将继续在快、稳、省三个方面不断深入，不断优化，给消费者带去用户体验更好的软硬件产品！

现代CPU性能分析与优化

我们生活在充满数据的世界，每日都会生成大量数据。日益频繁的信息交换催生了人们对快速软件和快速硬件的需求。遗憾的是，现代CPU无法像以往那样在单核性能方面有很大的提高。以往40多年来，性能调优变得越来越重要，软件调优是未来提高性能的关键因素之一。作为软件开发者，我们必须能够优化自己的应用程序代码。

本书融合了谷歌、Facebook等多位行业专家的知识，是从事性能关键型应用程序开发和系统底层优化的技术人员必备的参考书，可以帮助开发者理解所开发的应用程序的性能表现，学会寻找并去除低效代码。

SRE原理与实践：构建高可靠性互联网应用

    这是一本从架构、开发、测试、运维全流程讲解软件可靠性工程建设的著作，它将帮助读者构建针对软件可靠性工程的完整的知识体系、工程体系和理论体系。

    本书参考传统可靠性工程及软件可靠性工程体系，把传统可靠性工程中的"六性"（可靠性、维修性、测试性、保障性、安全性、环境适应性）转化为互联网软件可靠性工程的6种能力（可靠性设计能力、观测能力、修复能力、保障能力、反脆弱能力、管理能力）。每一项能力都包括：互联网SRE体系中的概念、能力的设计、能力建设的原则与方法、能力的度量与改进，以及相应的实践案例。通过这6种能力把可靠性相关的工作组织起来，6种能力对应6个工作方向，不仅清晰地描绘了互联网软件可靠性工程体系的全貌，而且详细阐述了每一种能力的获得方法。